LEIM UND GELATINE

VON

D<u>R</u>. E. SAUER
PRIVATDOZENT AN DER TECHNISCHEN HOCHSCHULE
IN STUTTGART

MIT 40 ABBILDUNGEN

SONDERABDRUCK AUS DER

KOLLOIDCHEMISCHEN TECHNOLOGIE
HERAUSGEGEBEN VON
DR. RAPH. ED. LIESEGANG

SPRINGER-VERLAG BERLIN HEIDELBERG GMBH
1927

ISBN 978-3-642-49537-3   ISBN 978-3-642-49828-2 (eBook)
DOI 10.1007/978-3-642-49828-2

Vorwort.

Die wissenschaftlichen Grundlagen der Gewinnung von Leim und Gelatine als kolloidchemisches Problem zu behandeln, sollte der leitende Gedanke der nachfolgenden Kapitel sein.

Dieser Gedanke wird auch immer mehr das führende Prinzip für die Weiterentwicklung der genannten Industrien selbst werden, denn die Herstellung ihrer Erzeugnisse erfolgt nicht um ihrer chemischen, sondern ihrer physikalisch-kolloidchemischen Eigenschaften willen. Das Ziel muß daher sein, die letzteren auf eine Stufe möglichst hoher Vollkommenheit zu bringen; es ist am ehesten zu erreichen, wenn wir uns praktische Erfahrung, zweckmäßigste maschinelle Einrichtungen und die neuesten Ergebnisse der Kolloidwissenschaft zunutze machen.

Die vorliegende kleine Schrift stellt ursprünglich einen Beitrag für Liesegangs Kolloidchemische Technologie dar. Der Rahmen dieses Werkes legte den einzelnen Autoren starke Raumbeschränkung auf, so war es nicht zu vermeiden, daß manche Kapitel der Arbeit allzu stiefmütterlich behandelt werden mußten.

Wertvolle Mitarbeit leisteten die Herren Dipl.-Ing. E. Conradt, Vaihingen a.E. und Dr. E. Kinkel, Heilbronn; ihnen sei auch an dieser Stelle der wärmste Dank ausgesprochen, ebenso den verschiedenen Firmen, die in entgegenkommender Weise Zeichnungen und Druckstöcke zur Verfügung stellten.

Stuttgart, März 1927.

E. Sauer.

Inhaltsverzeichnis.

 Leim ist der Urtyp der Kolloide, von ihm hat Graham[1]), als er eine besondere Klasse von Stoffen von dem großen Hauptgebiet der Chemie abgrenzte und damit die Kolloidchemie begründete, den Namen entlehnt. Das Glutin, welches den Hauptbestandteil sowohl von Leim, als auch von Gelatine ausmacht, verkörpert die charakteristischen Eigenschaften derjenigen wichtigen Klasse von Kolloiden, die sich durch hohes Wasserbindungsvermögen auszeichnen.

Leim und Gelatine werden aus den gleichen Rohstoffen, nämlich aus Hautabfällen und aus Knochen gewonnen; wir werden daher bei der Fabrikation beider Erzeugnisse viel Gemeinsames finden, um so mehr als zwischen beiden stofflich im wesentlichen kein Unterschied besteht.

Praktisch wird im allgemeinen die Herstellung von Lederleim, Knochenleim und Gelatine in eigenen, räumlich voneinander getrennten Betrieben durchgeführt, aus diesem Grunde soll auch der Fabrikationsprozeß dieser Stoffe gesondert beschrieben werden.

Es wäre zu empfehlen, die jetzt noch meist gebräuchliche Bezeichnung „Lederleim" für das Haupterzeugnis der Leimindustrie, welches aus ungegerbten Hautabfällen gewonnen wird, durch „Hautleim" zu ersetzen und mit „Lederleim" nur das tatsächlich aus entgerbten Lederabfällen hergestellte Produkt zu benennen.

I. Chemisches.

 Die Leimbildner oder Kollagene stellen die Hauptmasse der tierischen Lederhaut und ebenso des organischen Anteils der Knochen dar. Sie gehören zu der Klasse der Eiweißstoffe, im besonderen der Albuminoide, die auch als Gerüsteiweiße bezeichnet werden. Sie besitzen eine elementare Zusammensetzung von etwa 50% C, 25% O, 18% N, 6,5% H und 0,5% S, zeichnen sich also durch hohen Stickstoffgehalt aus.

Eine bestimmte Aufbauformel für das Kollagenmolekül, wenn überhaupt von einer solchen gesprochen werden kann, ist noch nicht ermittelt; bei einer

---

Literatur über Leim und Gelatine: L. Thiele, Die Fabrikation von Leim und Gelatine, 2. Aufl. (1922). — R. Kissling, Leim und Gelatine, 1. Aufl. (1923). — R. H. Bogue, The Chemistry and Technology of Gelatin and Glue. — S. E. Sheppard, Gelatin in Photography (1924). — V. Cambon, Fabrication des Colles animales (Paris 1907).

[1]) Die Grahamsche Definition der Kolloide ist allerdings heute nicht mehr ausreichend.

Zerlegung z. B. durch Barythydrat liefert es in der Hauptsache Aminosäuren vor allem Glykokoll.

Das Kollagen geht bei Behandlung mit heißem Wasser, besonders bei erhöhtem Dampfdruck in Glutin über; letzteres bildet den Hauptanteil der technischen Erzeugnisse Gelatine und Leim. Reinste Gelatine besteht im wesentlichen aus Glutin, im Leim ist letzteres schon in erheblichen Mengen weiter zu Gelatosen oder Glutosen abgebaut.

Glutin[1]) besitzt eine ganz ähnliche chemische Zusammensetzung wie Kollagen, es ist jedoch im Gegensatz zu letzterem in kaltem Wasser stark quellbar und schon bei schwachem Erwärmen leicht löslich. Die Bildung des Glutins aus Kollagen ist noch nicht aufgeklärt.

Hofmeister[2]) hat sie als Hydrolyse aufgefaßt, bzw. das Kollagen stellt das innere Anhydrid des Glutins dar, das durch Wasseraufnahme aus dem Kollagen entsteht. Hofmeister betrachtet die Reaktion als umkehrbar, beim Erhitzen der trockenen Gelatine auf 130° C entsteht wieder ein schwer löslicher Stoff ähnlich dem Kollagen; dagegen wiesen Emmet und Gies[3]) nach, daß dieses Erhitzungsprodukt von Trypsin regelrecht verdaut wird, nicht dagegen das Kollagen.

Diese Wasserbindung geht bei dem unveränderten Kollagen nur bei energischem Erhitzen mit genügender Geschwindigkeit vor sich, und zwar erweist sich das Kollagen des Knochens, das Ossein, als widerstandsfähiger als das leimgebende Gewebe der Haut.

Nach längerer Vorbehandlung mit schwachen Alkalien, in der Regel wird Kalkmilch benutzt, läßt sich die Überführung des Kollagens in Glutin schon bei wesentlich tieferer Temperatur bewerkstelligen, man erhält dabei auch ein qualitativ wertvolleres Erzeugnis.

Manche Beobachtungen sprechen dafür, daß bei der Umwandlung von Kollagen in Glutin überhaupt kein chemischer Vorgang vorliegt, daß es sich vielmehr um eine Desaggregierung, um eine Herauslösung der Glutinmiszellen aus den sie umschließenden schwerer löslichen Gewebeteilen der tierischen Haut handelt[4]).

| Molekulargewicht. | Für das Molekulargewicht des Glutins werden teilweise außerordentlich voneinander abweichende Werte angegeben |

je nach der Methode, die zur Bestimmung desselben angewandt wurde.

Paal[5]) findet aus der Siedepunktserhöhung 878—960, Procter[6]) gibt entsprechend dem Salzsäure-Bindungsvermögen einen Wert von 839 an, Wintgen[7]) erhielt ebenfalls 839, Kubelka[8]) ermittelte das Äquivalentgewicht des Hautkollagens zu 977 aus dem Gleichgewicht Hautpulver-Salzsäure. Biltz[9]) berechnete das Molekulargewicht aus dem osmotischen Druck und fand für verschiedene Gelatinesorten Werte von 5500—31000.

Wintgen[10]) führte für Kolloide an Stelle des Äquivalentgewichts den Begriff

---

[1]) Die Chemie des Glutins ist unter dem Abschnitt „Gerberei" kurz hehandelt und soll daher hier nicht wiederholt werden.

[2]) F. Hofmeister, Ztschr. f. physiol. Chem. 2, 299 (1878).

[3]) A. Emmet und N. Gies, Journ. Biol. Chem. 3, 33 (1907).

[4]) O. Gerngroß, Ztschr. f. angew. Chem. 38, 85 (1925); Stiasny, Collegium 1920, 299.

[5]) C. Paal, Ber. 25, 1202 (1892).

[6]) H. R. Procter, Journ. chem. Soc. 105, 320 (1914).

[7]) R. Wintgen, Sitzungsber. d. chem. Abtg. d. niederrhein. Gesellsch. f. Natur- und Heilkunde (Bonn 1915).

[8]) V. Kubelka, Kolloid-Ztschr. 23, 57 (1918).

[9]) W. Biltz, Ztschr. f. physik. Chem. 91, 705 (1916).

[10]) R. Wintgen, Kolloid-Ztschr. 34, 292 (1924).

des Äquivalentaggregatgewichts ein, welches die Gewichtsmenge irgendeines Kolloids darstellt, die mit einer Äquivalentladung verbunden ist.

| **Chemische Reaktionen des Glutins[1]).** | Glutin gibt eine violette Biuretreaktion; Eiweißreaktionen wie die Millonsche, die |

Xanthoprotheinreaktion und die nach Adamkiewicz-Hopkins, sollten bei Glutin nicht eintreten, da die betreffenden Spaltungsprodukte fehlen; daß dieselben meist, wenn auch nur in geringem Maße, positiv ausfallen, ist auf fremde Beimengungen zurückzuführen. Die Schwefelbleireaktion wird von käuflicher Gelatine gegeben, für besonders gereinigte Gelatine wird sie von Mörner bestritten.

Zahlreich sind die Fällungsreaktionen[2]). Charakteristisch ist hierbei, daß vielfach der betreffende Niederschlag nur bei Gegenwart anderer löslicher Elektrolyte ausfällt. Platinchlorid, Goldchlorid und Zinnchlorür geben Niederschläge, die in der Siedehitze löslich sind und beim Erkalten wieder ausfallen.

Auch Quecksilbernitrat und basisches Bleiazetat fällen, ebenso Quecksilberchlorid, letzteres nur bei Gegenwart von Elektrolyten. Neßlers Reagenz, desgleichen Uranylazetat geben noch in sehr verdünnten Lösungen Niederschläge. Von der Fällung mit Alkohol wird bei der Darstellung von reiner Gelatine Gebrauch gemacht.

Wichtig ist die Bildung unlöslicher Niederschläge mit Tanninlösung, ein Vorgang, der mit der Gerbung der tierischen Haut in Parallele zu setzen ist. Man hat diese Reaktion mehrfach zur Grundlage quantitativer Glutinbestimmungsmethoden gemacht.

| **Abbau des Glutins.** | Schon beim Erwärmen in reinem Wasser bei neutraler Reaktion erleidet Glutin eine Veränderung, weit schneller ver- |

läuft dieser Abbau in alkalischer oder saurer Lösung. Zunächst entstehen solche Körper, die noch mehr oder weniger den gleichen chemischen Bau besitzen wie das ursprüngliche Glutin, sie werden als β-Gelatine, Glutosen und Leimpeptone bezeichnet.

Allerdings erscheint es unwahrscheinlich, ob die zunächst eintretende Veränderung des Glutins, die mit einem starken Abfall der Gallertfestigkeit, der Viskosität, des Schmelzpunktes der Gallerte und auch der Klebkraft[3]) verbunden ist, chemischer Natur ist; man ist eher geneigt, an einen Abbau der Kolloidstruktur, eine Zerkleinerung der Teilchen zu denken. Dies scheint u. a. aus der geringen Menge formoltitrierbaren Stickstoffs bei fortschreitender Hydrolyse hervorzugehen[4]). Daß durch verschiedene Fällungsmittel, z. B. Tannin nur das unveränderte Glutin niedergeschlagen wird, nicht dagegen die Abbauprodukte, steht hiermit nicht in Widerspruch, wenn man bei der Fällung die Bildung einer Absorptionsverbindung annimmt.

Jedenfalls sind diese Vorgänge von hervorragender praktischer Bedeutung für die Leimfabrikation, da man hier bestrebt sein wird, alle Einflüsse nach Möglichkeit auszuschalten, die einen Abbau und damit eine Schädigung der Glutinsubstanz begünstigen.

Die Erscheinung, daß durch Gegenwart von Säuren und Alkalien der Abbau noch gefördert wird, ist dem Leimfabrikanten aus praktischer Erfahrung nur allzu

---

[1]) S. O. Kestner, Chemie der Eiweißkörper (Braunschweig 1925).

[2]) F. Hofmeister, Ztschr. f. physiol. Chem. **2**, 299 (1878). F. Klug, Pflüg. Arch. **48**, 100 (1891). C. T. Mörner, Ztschr. f. physiol. Chem. **28**, 471 (1899).

[3]) O. Gerngroß und H. A. Brecht, Mitteilungen aus dem Mat.-Prüfungsamt 253 (1922).

[4]) Desgl.

bekannt. Aus Abb. 1 ist die Wirkung von Wasserstoff- und Hydroxylionen ersichtlich[1]). Als Abszissen sind die p_H-Werte, als Ordinaten der Gehalt an Abbauprodukten (ermittelt durch N-Bestimmung) aufgetragen.

Die Viskositätsänderung im Verlauf des thermischen Abbaus bei verschiedenen Temperaturen bzw. Dampfdrucken ist in Abb. 2, 3 und 4 wiedergegeben, und zwar sowohl für Lederleim als auch für Knochenleim[2]). L. Arisz[3]) gibt als Temperaturgrenze für den beginnenden Abbau 65° C an, was mit den vorstehenden Versuchen (Abb. 2) im Einklang steht.

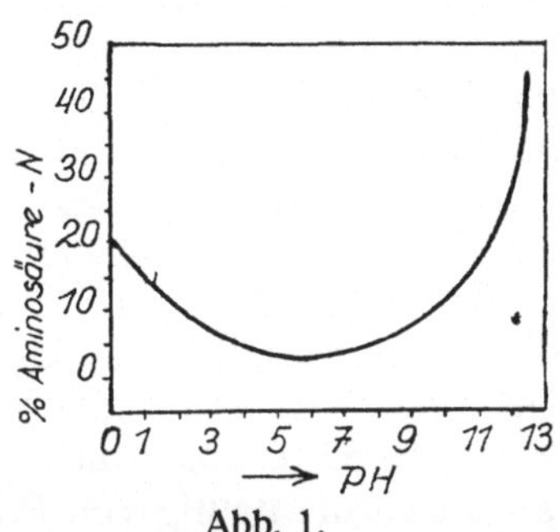

Abb. 1.
Abbau durch Wärme bei verschiedenen
p_H-Werten.

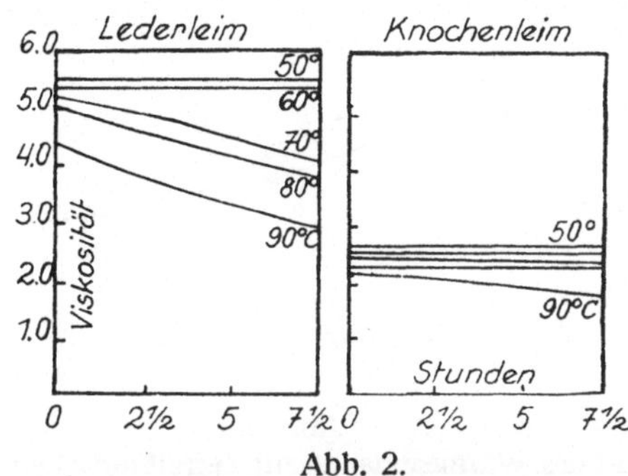

Abb. 2.
Abbau von Leder- und Knochenleim bei verschiedenen Temperaturen.

Man kann sich an Hand dieser Kurven für irgendeinen in der Wärme verlaufenden Arbeitsprozeß schon im voraus ein annäherndes Bild vom Ausmaß der zu erwartenden Veränderung der Glutinsubstanz machen.

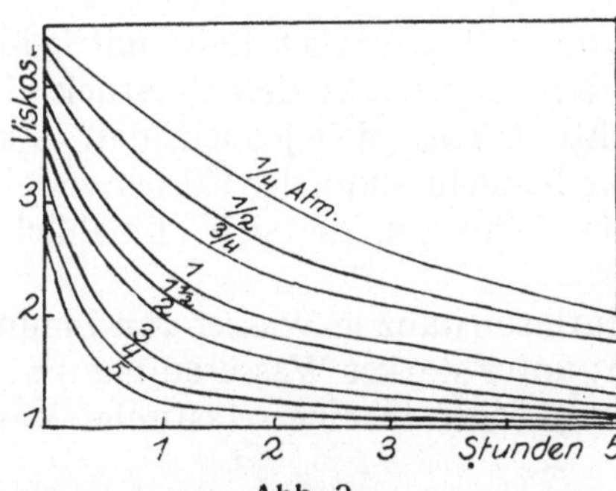

Abb. 3.
Abbau vom Lederleim bei verschiedenen
Dampfdrucken.

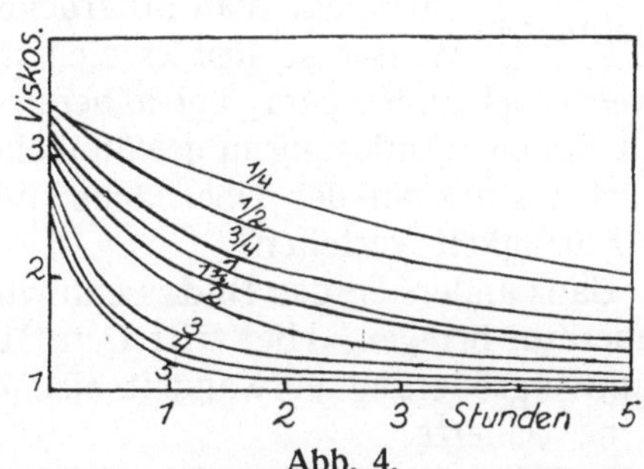

Abb. 4.
Abbau von Knochenleim bei verschiedenen
Dampfdrucken.

Bei Lederleim ist der Viskositätsrückgang stärker als bei Knochenleim, die Ursache ist nicht in einem Unterschied des p_H[4]) zu suchen, vielmehr ist bei Knochenleim während des Fabrikationsganges durch die Druckbehandlung schon ein starker Eingriff erfolgt; die Kurve beginnt daher erst bei den niedrigeren Viskositätswerten, die dem flach verlaufenden Ast der Lederleimkurven entsprechen.

[1]) Nach R. H. Bogue, Journ. Ind. a. Eng. Chem. 15, 1154 (1923).
[2]) E. Sauer, Chem.-Ztg. 473 (1924).
[3]) L. Arisz, Kolloidchem. Beih. 7, 1 (1915).
[4]) O. Gerngroß und H. A. Brecht, loc. cit. (261).

Für die Beurteilung der Prüfungsverfahren von Glutinpräparaten ist es sehr wertvoll, die Ergebnisse dieser Methoden bei fortschreitendem Abbau von Gelatine und Leim nebeneinander zu verfolgen. Eine derartige Versuchsreihe stellt Abbildung 5 dar[1]).

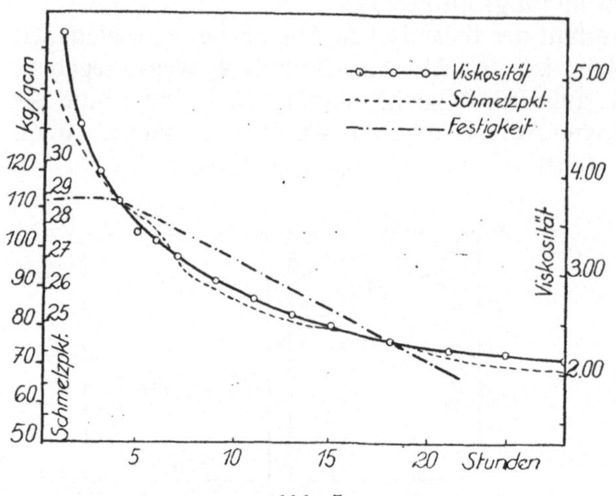

Abb. 5.

Einfluß des Wärmeabbaues auf Zerreißfestigkeit, Viskosität und Schmelzpunkt.

Eine $33\frac{1}{3}\%$ige Gelatinelösung wurde im siedenden Wasserbad am Rückflußkühler 27 Stunden erhitzt und nach bestimmten Zeiten Proben entnommen. Mit diesen Proben wurde jeweils die Viskosität bei 35° C und 15%, der Schmelzpunkt der Gallerte und ebenso die Zerreißfestigkeit bei $33\frac{1}{3}\%$ Gelatinegehalt bestimmt ($p_H =$ 7,05) (S. 52 u. f.). Auch hier zeigt sich die häufig von Praktikern behauptete Erscheinung, daß das Maximum der Bindekraft erst nach einem mäßigen Abbau erreicht wird[2]). Von diesem Punkt ab ist dann eine gewisse Parallelität aller drei Prüfungsmethoden zu erkennen.

II. Kolloidchemische Eigenschaften des Glutins.

| Quellung. | Übergießt man lufttrockenes Glutin, z. B. ein Stück Leim mit heißem Wasser, so löst es sich langsam auf, es erweckt den Eindruck eines schwerlöslichen Körpers; bei näherer Beobachtung zeigt sich jedoch, daß es sich nicht um eine Auflösung in gewöhnlichem Sinne handeln kann, der Körper erweicht zunächst stark an der Oberfläche, bildet zähe Schlieren, die sich allmählich in der Flüssigkeit verteilen.

Ganz anders ist das Bild, wenn wir die Glutinsubstanz in Wasser von Zimmertemperatur bringen. Hier tritt Quellung ein; unter starker Wasseraufnahme und Volumvergrößerung verwandelt sich der Glutinkörper in eine elastische Masse, in eine Gallerte.

| Quellungsdruck und Quellungswärme. | Der bei der Quellung entwickelte Druck ist ein sehr beträchtlicher, er kann gemessen werden, indem man die Quellung durch einen Gegendruck zum Stillstand bringt und die Größe dieses Gegendrucks ermittelt[3]).

Der Quellungsvorgang ist außerdem mit einer Wärmeentwicklung[4]) verbunden, ebenso ist eine Volumkontraktion[5]) zu beobachten, d. h. das Volumen der gequollenen Masse ist kleiner als das von Trockensubstanz + Wasser. Beide Erscheinungen sind bei Beginn der Quellung am stärksten und lassen schnell nach, wenn der Wassergehalt etwa 50% des Trockengewichts erreicht hat.

[1]) E. Sauer, Habilitationsschrift (Stuttgart 1922).
[2]) R. Kissling, Chem. Ztg. **41**, 740 (1917); O. Gerngroß und H. A. Brecht, loc. cit. (265).
[3]) E. Posniak, Kolloidchem. Beih. **3**, 417 (1912).
[4]) J. Katz, Kolloidchem. Beih. **9**, 1—182 (1917—1918).
[5]) Desgl.

Quellungsgeschwindigkeit und Quellungsmaximum.

Die Wasseraufnahme bei der Quellung geht anfangs rasch, dann mit immer mehr abnehmender Geschwindigkeit vor sich[1]). Die Quellungsdauer hängt vom kleinsten Durchmesser des Glutinkörpers ab, sie wächst mit steigender Dicke des Versuchskörpers schnell an, da die Diffusionsgeschwindigkeit des eindringenden Wassers eine sehr geringe ist. Quantitative Messung können entweder mit ganzen Platten[2]) von Gelatine oder mit der pulverförmigen Substanz[3]) vorgenommen werden. Im ersten Fall wird die Gewichtszunahme durch Wägung der oberflächlich abgetrockneten Quellkörper verfolgt; im zweiten Fall mißt man das Volumen der gekörnten Quellmasse nach Absitzen in einem Maßzylinder.

Nach einer bestimmten Zeit ist ein deutlich feststellbarer Stillstand der Quellung, das Quellungsmaximum, erreicht.

Sehr gut läßt sich der Quellungsvorgang verfolgen, wenn man Glutinsubstanz von ganz bestimmter Korngröße zu den volumetrischen Versuchen benutzt[4]). Ein reiner Leim ist dabei besser geeignet als Gelatine, da letztere in pulverisiertem Zustand kleine flache Plättchen bildet, die sich in der Flüssigkeit schlecht absetzen.

Man spannt einen graduierten, verschließbaren Zylinder, der von einem Kühlmantel umgeben ist, auf eine langsam rotierende Scheibe, füllt Wasser und die abgewogene Menge von Leimpulver ein und setzt die Schüttelvorrichtung in Bewegung. Nach bestimmten Zeitabständen, anfangs in sehr kurzen Intervallen hält man den Zylinder in senkrechter Lage an und läßt die gequollene Masse 1 oder 2 Minuten absitzen. In Abb. 6 und Tabelle 1 sind die Quellungskurven für

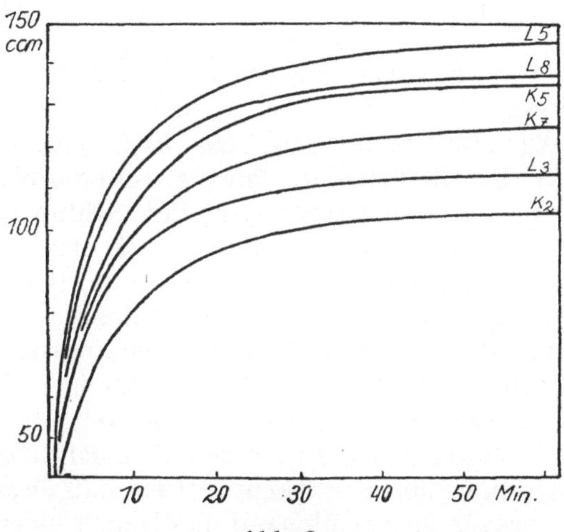

Abb. 6.
Kurven der Quellungsgeschwindigkeit.

einige Leder- und Knochenleime wiedergegeben. Die Wasseraufnahme erfolgt sehr regelmäßig. Die Kurven haben die Form von Hyperbeln; bei der angewandten Korngröße ist die Hauptmenge des Wassers schon nach 30 Minuten aufgenommen, bei Knochenleim ist nach 45 Minuten die Quellung beendet, Lederleim braucht länger und hat auch nach 1 ½ Stunden das Quellungsmaximum nicht in allen Fällen erreicht.

Theorie der Quellung.

Eine allen Erscheinungen der Quellung völlig gerecht werdende Erklärung ist noch nicht gefunden.

Ziemlich sicher erscheint, daß das Quellungswasser bei Gelatine nicht einheitlich gebunden ist. Bis 50% des Gewichts der Trockensubstanz an Wasser wird unter starker Druck- und Wärmeentwicklung aufgenommen aus einer Atmosphäre, die mit Wasserdampf gesättigt ist, dann hört die Wasseraufnahme auf. Weitere Wassermengen treten nur hinzu, wenn die Gelatine in flüssiges Wasser gebracht wird, wobei bis zur Erreichung des Endpunktes der Quellung 1000% und mehr Wasser in die Masse eingeht[5]).

[1]) F. Hofmeister, Arch. f. exper. Path. u. Pharm. **27**, 295 (1890).
[2]) F. Hofmeister, Arch. f. exper. Path. u. Pharm. **24—28** (1888—1891).
[3]) M. H. Fischer, Kolloid-Ztschr. **5**, 197 (1909).
[4]) E. Sauer, Farben-Ztg. **31**, 1425 (1926).
[5]) R. Zsigmondy, Kolloid-Chem. 3. Aufl., 369 (1920).

Tabelle 1.

Quellversuche mit verschiedenen Leder- und Knochenleimen. Je 10 g Leimpulver,
300 ccm Wasser, Temperatur 13⁰ C.

Gesamtzeit	Zeit des Absitzens	L 3	L 5	L 8	K 2	K 5	K 7
Min.	Min.	ccm	ccm	ccm	ccm	ccm	ccm
Anfang	0	(10 g)	(10 g)	(10 g)	(10 g)	(10 g)	(10 g)
2	1	50	64	55	41	50	50
7	2	81	105	98	69	90	85
12	2	96	122	116	85	111	104
22	2	106	134	128	97	126	116
32	2	109	139	132	101	132	121
42	2	111	142	135	103	134	123
62	2½	113	144	137	104	134	123
92	3	115	144	140	106	132	123
152	3	117	147	143	106	—	123

Immer wieder ist zu erkennen, daß die Wasserbindung in der Gallerte mindestens zweifacher Art ist und die Grenze wird übereinstimmend bei ca. 50% Wasseraufnahme bzw. 60—70% Trockengehalt der Glutinsubstanz gefunden (S. 9). Die Tatsache, daß die weiteren Wassermengen nur aus der flüssigen Phase aufgenommen werden, legt den Schluß nahe, daß es sich dabei um zusammenhängende Massen von mechanisch eingeschlossenem flüssigen Wasser handelt.

Sehr eingehend hat J. R. Katz[1]) die Quellungsvorgänge untersucht; er hat für eine große Anzahl von quellbaren Stoffen die Kurven der Wasseraufnahme und -Abgabe bei veränderten Dampfdrucken aufgenommen. Diese Kurven zeigen auch für Stoffe sehr verschiedenartiger chemischer Herkunft eine einfache Form und eine unverkennbare Ähnlichkeit.

Katz leitet aus seinen Beobachtungen einfache Gesetzmäßigkeiten für die Quellung ab. Bemerkenswert ist, daß diese Gesetzmäßigkeiten nicht nur für Quellungsvorgänge Gültigkeit besitzen, sondern auch bei andern Erscheinungen, wo es sich um Aufnahme einer Flüssigkeit durch einen festen oder flüssigen Stoff handelt, Anwendung finden können.

Für die Auflösung von Wasser in konzentrierten Säuren werden denen für Kolloide recht ähnliche Kurven der Wasseraufnahme, Volumkontraktion und Wärmetönung festgestellt. Auch die Wasseraufnahme bei porösen Körpern wie trockenes Kieselsäuregel läßt sich hier einordnen. Andererseits kann der quantitative Verlauf der Wasseraufnahme bei gewissen Fällen der Quellung durch die Adsorptionskurve nach Freundlich wiedergegeben werden.

Katz faßt die Quellung als Bildung einer Lösung von Wasser im quellbaren Körper auf.

Eine Mizellarstruktur anzunehmen hält er für unnötig. Die aufgenommene Wassermenge verteilt sich zwischen die einzelnen Moleküle des quellbearn Stoffs, die allerdings bei starrer Quellung, wie solche z. B. bei einer 1%igen Gelatinelösung vorliegt, sehr weit auseinanderrücken müßten.

Die Kernfrage bei der Quellung, warum nämlich bei dem einen Stoff bei solch weitläufiger Verteilung der Moleküle in einer Flüssigkeit ein mechanischer Zusammenhalt bewahrt bleibt, bei andern jedoch normale Auflösung eintritt, ist durch diese Gesetze der Quellung nicht erklärt.

---

[1]) J. R. Katz, Die Gesetze der Quellung, Kolloidchem. Beih. **9**, 1—182 (1917—1918).

Von Wichtigkeit erscheint der Versuch von Procter[1]) und Wilson[2]), eine Erklärung für die Quellung zu geben, die sich auf dem Donnanschen Membrangleichgewicht aufbaut.

Letzteres wirkt bekanntlich dahin, daß die Verteilung der Ionen zweier Elektrolyte, die durch eine Membran getrennt sind, eine ungleiche auf beiden Seiten der Membran ist, im Falle einer der Elektrolyte ein nicht diffundierendes Ion enthält. Multipliziert man die Konzentrationen der entgegengesetzt geladenen diffusiblen Ionen je auf beiden Seiten der Membran miteinander, so werden bei eingetretenem Gleichgewicht diese Produkte einander gleichen. Die dadurch gegebene ungleiche Konzentration der kristalloiden Ionen muß das Auftreten von osmotischen Kräften veranlassen.

Nach Procters Theorie ist die Kraft, welche den Eintritt von Wasser in das Gel verursacht und so die Quellung bedingt, eben der osmotische Druck der kristalloiden Ionen, die sich innerhalb des Gels in größerer Konzentration als außerhalb desselben vorfinden. Voraussetzung dafür ist, daß Gelatine mit Säuren und Basen echte Salze bildet und daß diese Salze in ein nicht diffusionsfähiges Proteinion und in ein kristalloides Kation oder Anion dissoziiert sind. Procter untersuchte sehr eingehend den Einfluß von Salzsäure auf die Quellung von Gelatine. Er fand, daß das „Gelatinechlorid" hochgradig elektrolytisch in Anionen und kolloide Kationen dissoziiert. Diese letzteren sind nicht imstande zu diffundieren, bewirken daher keinen meßbaren osmotischen Druck. Die Anionen dagegen, die in dem Gel zur Erhaltung des elektrochemischen Gleichgewichts von den Kolloidionen zurückgehalten werden, üben sehr wohl einen osmotischen Druck aus und bringen die Masse unter Heranziehung von Wasser aus der umgebenden Lösung zur Quellung. Procter und Wilson konnten eine Beziehung zwischen dem Volumen des Gels und den beobachteten Werten der Wasserstoff- und Chlorionenkonzentration im Gel und in der Quellflüssigkeit feststellen und damit die Wirkung verschiedener Säurekonzentrationen auf die Quellung der Gelatine errechnen. Sie konnten zeigen, warum wenig Säure die Quellung bis zu einem Maximum vermehrt und warum weiterer Säurezusatz dann die Quellung wieder vermindert.

Die Proctersche Theorie vermag also Aufschluß zu geben, wenn es sich um die Beeinflussung des Quellungsgrades der Gelatine durch Zusatz von Elektrolyten besonders von Säuren und Basen handelt, sie kommt nicht in Frage für nichtionisierte isoelektrische Gelatine, da solche keinen osmotischen Druck aufweisen kann. Die Quellung zeigt hier tatsächlich ein Minimum, ist jedoch immer noch in erheblichem Maße vorhanden. Auch sonstige Unstimmigkeiten ergeben sich bei der Procterschen Theorie, sie hat bei andern Forschern, neuerdings besonders bei Pauli[3]) Widerspruch gefunden.

Nach Pauli[4]) sind die Ionen der Eiweißkörper mit Wasserhüllen umgeben, die nicht ionisierten Moleküle sind dagegen nicht hydratisiert. Durch Zusatz von Säuren oder Basen zu isoelektrischer, nicht ionisierter Gelatine würden sich deren Moleküle jeweils in ein stark ionisiertes Salz verwandeln und letzteres müßte dann ebenso hohgradig hydratisiert sein. Dementsprechend müßte durch Zusatz z. B. von Salzsäure zu isoelektrischer Gelatine, deren Eigenschaften die vom Grad der Wasserbindung abhängen, also osmotischer Druck, Quellung und Viskosität sich verstärken, was auch tatsächlich der Fall ist.

[1]) H. R. Procter, Journ. Chem. Soc. **105**, 313 (1914).
[2]) H. R. Procter und J. R. Wilson, **109**, 307 (1906).
[3]) W. Pauli, Kolloid-Ztschr. **40**, 185 (1926).
[4]) W. Pauli, Kolloidchemie der Eiweißkörper (Dresden u. Leipzig 1920, Th. Steinkopff).

Vergleicht man die verschiedenen Ergebnisse, die bei den Untersuchungen über den Quellungsvorgang gefunden wurden, so hat es den Anschein, daß die Wasseraufnahme bei der Quellung in verschiedenen Fällen, auch wenn das äußere Bild des Vorgangs ein ähnliches ist, auf verschiedene Ursachen zurückgeführt werden muß; auch scheint die Art der Wasserbindung nicht einmal das Ausschlaggebende zu sein. Quellung tritt ein, wenn ein Körper auf irgendeinem Wege, sei es durch Lösung, Hydratation, osmotischen Druck, Imbition usw. größere Mengen Wasser aufnimmt, **wesentlich ist nun, daß gleichzeitig eine weitere Art von Kraft oder innere Struktur** bei dem quellenden Körper vorhanden ist, die einen mechanischen Zusammenhalt der quellenden Masse gewährleistet, ohne den Vorgang der Wasseraufnahme zu behindern. Wir finden daher die Quellung besonders verbreitet bei in der organischen Natur vorkommenden Stoffen, die eine Wachstumsstruktur aufweisen.

Die Entwässerung der Gallerte.

Die Entwässerung der Glutinsubstanz ist nur eine Umkehrung des Quellungsvorgangs; so werden die bei diesem aufgestellten Gesetzmäßigkeiten auch für die Wasserbewegung in der entgegengesetzten Richtung Geltung haben, wenn man von gewissen Hysteresiserscheinungen absieht.

Wenn hier die Entwässerung gesondert behandelt wird, so liegt dies an der großen praktischen Bedeutung, die diesem Vorgang in der Leim- und Gelatinefabrikation zukommt.

Schon die praktische Erfahrung weist darauf hin, daß das Wasser aus der Gallerte in den verschiedenen Stadien der Entwässerung nicht mit der gleichen Leichtigkeit abgegeben wird.

Am besten sind diese Verhältnisse ersichtlich aus der Kurve der isothermen Entwässerung[1]) (Abb. 7). Auf der Abszissenachse sind die Wassergehalte, auf der Ordinatenachse die Dampfdrucke (mmHg) abgetragen, d. h. jeder einzelne Punkt der Kurve stellt den Grad der Entwässerung dar, wie er bei dem zugehörigen, auf der Ordinatenachse angegebenen Dampfdruck (Wassergehalt der Trockenluft) im besten Fall erreicht wird, wobei die Temperatur immer die gleiche ist.

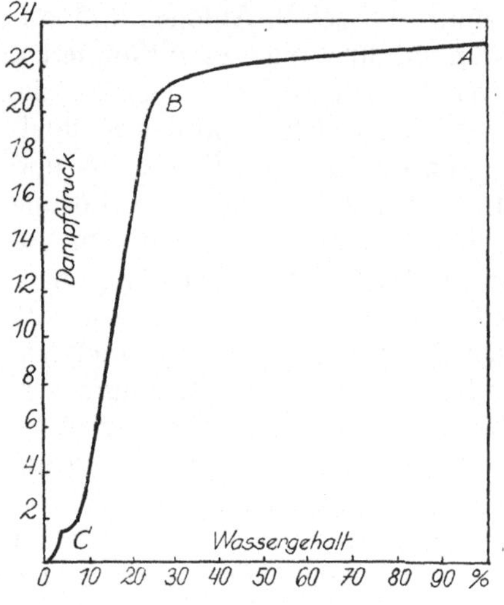

Abb. 7.
Entwässerung von Gelatine durch Änderung des Dampfdrucks.

Wir sehen ohne weiteres zwei deutlich voneinander abgegrenzte Gebiete der Wasserabgabefähigkeit. Von A bis B wird die Hauptmenge des Wassers ohne Schwierigkeit bei einer nur geringen Herabsetzung des Dampfdrucks, d. h. an eine Trockenluft, die einen relativ hohen Wassergehalt besitzt, abgegeben. Dies geht so weit, bis die Gallerte einen Trockengehalt von 60—70% aufweist. Die Entfernung der restlichen Wassermenge (B—C) erfordert eine starke, immer weitergehende Herabsetzung des Dampfdrucks.

In der Praxis ist eine willkürliche Erniedrigung des Dampfdrucks der Trockenluft nicht möglich, man hilft sich hier mit einer Steigerung der Temperatur, so weit dies zulässig ist.

[1]) K. Gerike, Kolloid-Ztschr. **17**, 78 (1915).

Theorie des Trocknens, Trockengeschwindigkeit.

Die Möglichkeit der Trocknung eines wasserhaltigen Körpers ist gegeben durch den Unterschied des Wasserdampfdrucks innerhalb des Körpers und in dessen Umgebung. Wesentlich mitbestimmend ist auch der stoffliche Feinbau und die Beschaffenheit der Oberfläche des Trockenguts.

Die Geschwindigkeit der Entwässerung hängt einerseits ab von der Verdampfung des Wassers an der Oberfläche des betreffenden Körpers und andererseits von der Schnelligkeit, mit welcher das Wasser aus dem Inneren nach außen diffundiert.

Die Verdampfung kann beschleunigt werden durch Unterstützung dieser Vorgänge, also

1. durch Herabsetzung des Dampfdrucks in der Trockenluft, d. h. durch Anwendung möglichst trockener Luft;
2. durch Temperaturerhöhung, wodurch die Wasseraufnahmefähigkeit der Luft gesteigert wird;
3. durch lebhafte Bewegung der Luft, wobei die an der Oberfläche des Trockenguts sich bildende, mit Wasserdampf angereicherte Luftschicht entfernt wird;
4. durch Begünstigung der Diffusion, diese ist gegeben durch einen hohen Unterschied des Wassergehalts im Innern und an der Oberfläche des zu trocknenden Körpers und ebenfalls durch Temperaturerhöhung.

T r o c k e n g e s c h w i n d i g e i t   u n d   L u f t b e w e g u n g. Die Trocknung läßt sich vergleichen mit den Vorgängen bei der Auflösung eines Stoffs in einer Flüssigkeit[1]). Man nimmt in letzterem Fall an[2]), daß der betreffende Stoff mit einer dünnen Schicht einer konzentrierten Lösung umgeben ist und daß die Auflösungsgeschwindigkeit dem Konzentrationsgefäll zwischen dieser Schicht und der Außenlösung direkt proportional ist (durch lebhaftes Rühren ist die Konzentration der letzteren gleichförmig zu halten).

In analoger Weise bildet sich bei der Trocknung eine mit Wasserdampf gesättigte Luftschicht an der Oberfläche des Versuchskörpers. Die Diffusion des Wasserdampfs durch diese „stationäre" Schicht ist proportional dem Unterschied des Dampfdrucks an der Oberfläche des Trockenkörpers und in der umgebenden Luft.

Bei der Auflösung fester Körper in Wasser, welchen Vorgang wir mit der Trocknung in Vergleich setzten, unterstützt kräftiges Rühren der Flüssigkeit den Lösungsprozeß. In gleicher Weise begünstigt ein lebhaft bewegter Luftstrom den Trockenvorgang dadurch, daß er die Dicke der mit Wasserdampf gesättigten Luftschicht an der Oberfläche der Gallerte auf ein Minimum herabsetzt und infolgedessen die Diffusionsgeschwindigkeit des Dampfes erhöht.

Die Trockengeschwindigkeit, d. h. die in der Zeit dt verdampfte Wassermenge dw ist daher durch nachstehende Diffusionsgleichung gekennzeichnet

$$\frac{dw}{dt} = (a + b\,v)\,(p' - p),$$

wo p — p die Differenz des Wasserdampfdrucks an der Gallertoberfläche und in der umgebenden Luft ist. a ist die Trockengeschwindigkeit bei unbewegter Luft, v die Geschwindigkeit des Luftstroms und b ein konstanter Faktor.

Die Trockengeschwindigkeit ist naturgemäß noch abhängig von dem Winkel,

¹) W. K. Levis, Journ. Ind. a. Eng. Chem. **13**, 427 (1921).
²) W. Nernst u. E. Brunner, Ztschr. f. phys. Chem. **47**, 52 u. 56 (1904).

in welchem der Luftstrom auf die Gallertfläche auftrifft. Bei senkrechter Richtung des Luftstroms ist die Trockengeschwindigkeit beinahe doppelt so hoch als bei paralleler Strömung, natürlich vergrößert sich dabei der Luftwiderstand entsprechend.

Trockengeschwindigkeit und Temperatur.

Die Trockengeschwindigkeit nimmt mit steigender Temperatur zu, da durch die Temperaturerhöhung die Wasseraufnahmefähigkeit der Luft vergrößert wird (s. Abb. 8).

Die Höchsttemperatur bei der Trocknung ist durch den Schmelzpunkt der Gallerte festgelegt. Dieser bewegt sich je nach Qualität und Wassergehalt des zu trocknenden Produkts etwa zwischen 20 und 35° C. Man kann jedoch die Beobachtung machen, daß ein Schmelzen der Gallerte durchaus nicht sogleich eintritt, wenn die Lufttemperatur diese vorher ermittelte Schmelztemperatur erreicht

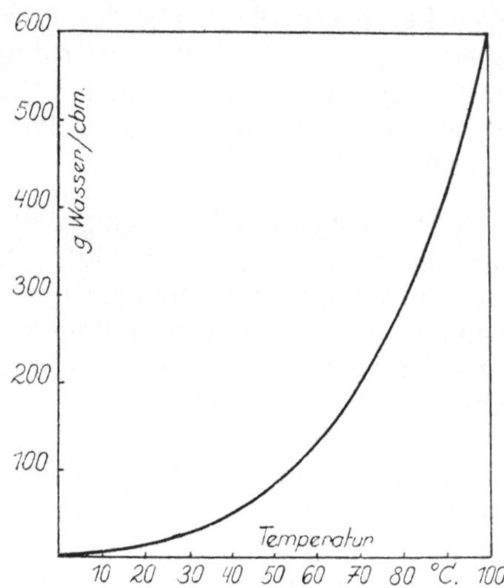

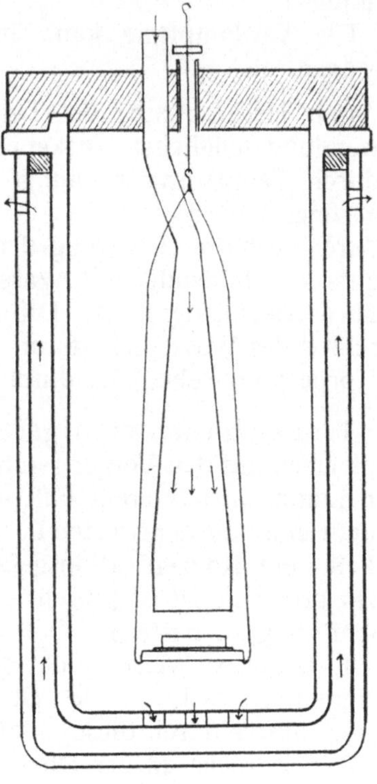

Abb. 8.

Wassergehalt der Luft bei verschiedenen Temperaturen.

Abb. 9.

Apparat für Trockenversuche.

hat. Die Ursache liegt darin, daß die Gallerte infolge Wärmeentziehung durch die Wasserverdampfung selbst eine tiefere Temperatur annimmt. Diese Temperaturerniedrigung hängt vor allem vom Sättigungsgrad der Luft mit Wasserdampf ab, die untere Grenze entspricht dem psychrometrischen Temperaturunterschied eben bei diesem Sättigungsgrad. Voraussetzung dabei ist, daß der Wassergehalt der betreffenden Gallerte hoch und eine Trockenhaut in stärkerem Maßstab noch nicht ausgebildet ist.

Zur Feststellung des Temperatureinflusses wurde folgende Anordnung getroffen[1]): Runde Gelatinegallertkörper in der Form eines niederen Kreiszylinders wurden in einem Luftstrom von konstanter Geschwindigkeit und Temperatur getrocknet und dabei die Gewichtsabnahme dauernd verfolgt. Abb. 9 zeigt den Trockenraum, der Trockenkörper ruht auf einer runden Glasplatte, die ihrerseits direkt auf der einen Schale einer analytischen Wage liegt, so daß die Wägung im

---

[1]) E. Sauer, nach nicht veröffentlichten Versuchen mit J. Veitinger.

Trockengefäß selbst vorgenommen werden kann. Der automatische Winderzeuger, die Trocken- und Heizvorrichtung für die Luft sind in der Abbildung weggelassen, ebenso die analytische Wage, die über dem Trockenraum zu denken ist.

Der Verlauf der Gewichtsabnahme bei der Trocknung einer Gallertplatte von 2 mm Dicke und 10% Trockengehalt bei einer Temperatur von 24° C und einer Luftgeschwindigkeit von 1,5 Ltr. Luft/qcm in der Minute ist durch Abb. 10 dargestellt.

Es überrascht zunächst, daß die Kurve im größten Teil ihres Verlaufs einer geraden Linie nahekommt. Dieser Wasseranteil entspricht jedenfalls dem ersten Abschnitt der Entwässerung nach Abb. 7 (A—B), also der Abgabe des mechanisch eingeschlossenen Wassers, das bei geringer Dampfdruckherabsetzung entweicht.

Wenn man ähnliche Versuche unter sonst gleichen Bedingungen, jedoch bei verschiedener Temperatur durchführt, dann erhält man eine Schar von Kurven (Abb. 11), die unter sich

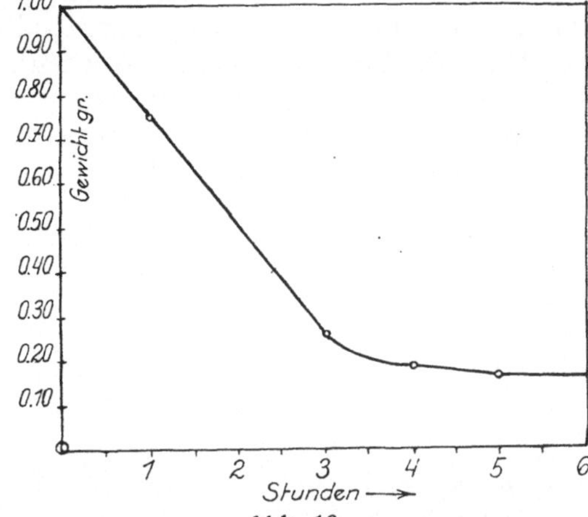

Abb. 10.
Trockengeschwindigkeit von Gelatine bei 24° C.

ein ähnliches Aussehen besitzen, sich aber durch den Neigungswinkel unterscheiden, den ihr geradliniger Ast mit der Abszissenachse einschließt. Dieser Winkel ist das Maß der Trockengeschwindigkeit.

Wenn man die hier ermittelten absoluten Werte der Trockengeschwindigkeit nicht ohne weiteres auf die Verhältnisse in der Praxis übertragen kann, so kommt doch der Einfluß der Temperatursteigerung bei der Trocknung klar zum Ausdruck.

Einfluß von Schichtstärke und Konzentration der Gallerte auf die Trockengeschwindigkeit. Ohne Zweifel ist anzunehmen, daß dicke Gallertplatten länger zum Trocknen brauchen werden als dünne, in beiden Fällen gleiche Konzentration vorausgesetzt. Bei

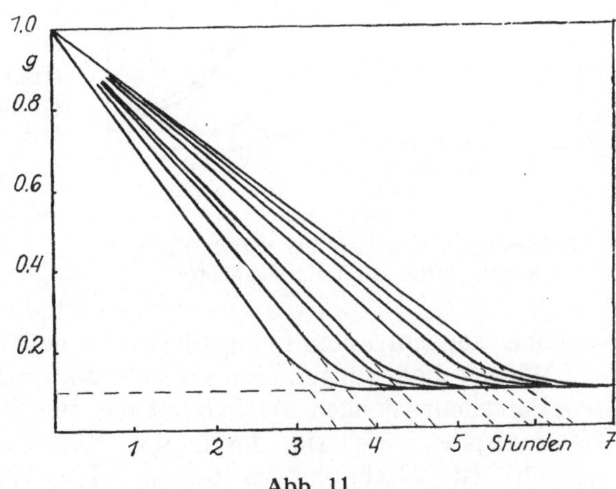

Abb. 11.
Trockengeschwindigkeiten bei 24—15° C.

der Gelatinefabrikation kommen höhere Schichtstärken nur bei der sog. technischen Gelatine in Betracht. Bei Leim dagegen sind Gallertschichten bis zu 30 mm Höhe gebräuchlich; gerade die starken Leimplatten erfreuen sich zeitweise einer besonderen Beliebtheit in Abnehmerkreisen und der Fabrikant muß sich ihre Herstellung angelegen sein lassen, auch wenn die Trocknung höhere Kosten erfordert. An sich ist vom Standpunkt des Verbrauchers aus der Wunsch nach dicken Leimtafeln unverständlich, abgesehen davon, daß die Schichtstärke mit der Qualität nichts zu tun hat, ist ein höherer Preis, höherer Wassergehalt und längere Quelldauer in Kauf zu nehmen.

Um den Einfluß der Schichtstärke auf die Trockengeschwindigkeit kennen-
zulernen, wurden eine größere Reihe von Trockenversuchen mit Gallertplatten
(10% Trockengehalt) zunehmender Höhe nach der schon beschriebenen Methode
angestellt. Aus Gründen der Raumersparnis sei nur das Ergebnis einer Versuchsreihe in Abb. 12 wiedergegeben.

Zunächst ist bemerkenswert, daß für alle Schichtstärken die Trockengeschwindigkeit in weitem Ausmaß gleichlaufend ist, kenntlich an dem parallelen Verlauf
der Kurven. Erst wenn höhere Konzentrationen erreicht werden, nimmt die Ent-
wässerungsgeschwindigkeit stark ab.

Natürlich dürfen diese Verhältnisse nicht ohne weiteres verallgemeinert werden,
es ist zu beachten, daß die Anfangskonzentration in allen Fällen nur 10% betrug,
also verhältnismäßig gering war.

Besondere Versuche über den Einfluß der Konzentration brauchen
nicht angestellt zu werden; wenn wir
eine Kurve in Abb. 376 bis zu dem
Punkt verfolgen, wo der Wassergehalt
von 10 auf 20% gestiegen ist, so verkörpert sie in ihrem weiteren Fortgang
das Verhalten einer von Anfang an
20%igen Gallerte. Wenn auch von
20% ab ein größerer Teil des Wassers
noch mit der gleichen Geschwindigkeit
abgegeben wird, wie bei 10% Anfangs-
gehalt, so bestätigt sich doch die vom
Praktiker gemachte Erfahrung, daß
höher konzentrierter Leim langsamer
trocknet, als die stärker wasserhaltige
Gallerte. Bei einem Trockengehalt von
20% ist nämlich das Verhältnis von
fester gebundenem Wasser zu dem weniger fest gebundenen weit ungünstiger als
bei der 10%igen Gallerte, was aus der
Abb. 376 ebenfalls ersichtlich ist. Deshalb geht die Trockengeschwindigkeit

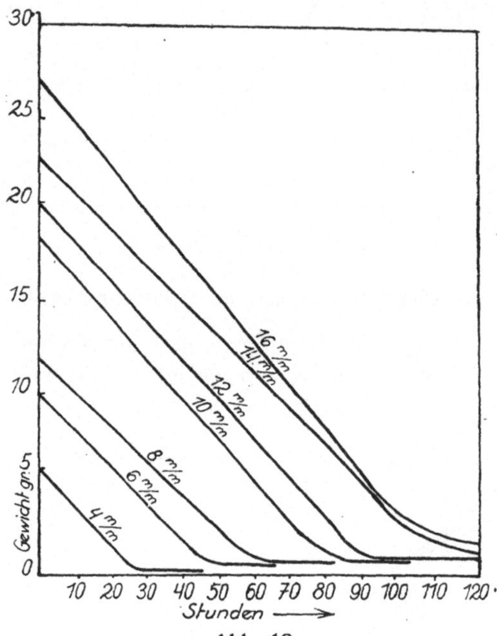

Abb. 12.
Trockengeschwindigkeit bei verschiedener
Schichtstärke der Gelatinegallerte.

bei höher konzentrierten Leimgallerten schneller zurück als bei stärker verdünnten.
Welche Folgerungen sind nun für die Praxis aus diesen Angaben zu ziehen?

Vor allem ist nach Möglichkeit der zwiefachen Art der Wasserbindung bzw.
Wasserabgabe, wie sie durch die Entwässerungskurve (Abb. 7) kenntlich
gemacht ist, Rechnung zu tragen. Die Trocknung stärkerer Leimtafeln ist
mindestens in zwei Stufen durchzuführen; das leicht entfernbare Wasser ist bei
geringerer, das fester haftende bei höherer Temperatur zu entziehen (s. hierzu
auch S. 39).

Der Bau der Gelatinegallerte. Die eigentümliche Art der Wasserbindung in den Gallerten,
wie sie besonders auffallend bei der Gelatinegallerte in Er-
scheinung tritt, hat zahlreiche Forscher zum Studium dieses
Zustandes gereizt; eine vollständig befriedigende Erklärung ist auch für den inneren
Feinbau der Gallerten bis jetzt noch nicht gegeben worden. Eine solche Erklärung
müßte zugleich eine einleuchtende Theorie des Vorgangs der Wasseraufnahme
selbst einschließen. Der Zustand der fertiggebildeten Gallerte darf nicht als

solcher für sich allein, sondern nur in engstem Zusammenhang mit den Vorgängen der Quellung betrachtet werden.

Die Wabentheorie von Bütschli[1]) nimmt an, daß die Gallerten, wenigstens kurz nach ihrer Bildung sich aus einem System von Schaumwänden aufbauen, die aus einer konzentrierten Lösung des gallertbildenden Stoffs bestehen; die von den Schaumwänden eingeschlossenen Zellräume sind mit einer wässerigen Flüssigkeit erfüllt, welche dem System seine mechanische Festigkeit gibt. Bütschli stützte seine Theorie durch äußerst gründliche und umfangreiche experimentelle Arbeiten vor allem durch photographische Widergaben der mikroskopischen Strukturen.

Nach Nägelis Mizellartheorie[2]) sind die kleinsten Bausteine der Gallerten amikroskopische Teilchen oder Kriställchen, eben die Mizellen. Dieselben sind durch Wasserhüllen voneinander getrennt, der Zusammenhalt beruht auf Anziehungskräften, die zwischen den einzelnen Teilchen wirksam sind.

Unwahrscheinlich war schon die Bütschlische Anschauung dadurch, daß die tatsächlich zu beobachtende verhältnismäßig leichte Beweglichkeit des Wassers in den Gallerten dem Vorhandensein geschlossener Schaumwände widersprach. Sie wird dadurch hinfällig, daß die von Bütschli wiedergegebenen mikroskopischen Strukturen von Gallerten nicht den primären Bau derselben darstellen.

Niemals konnten derartige Strukturen bei der unveränderten Glutinsubstanz erhalten werden, sondern sie entstanden erst nach Behandlung der Gallerten mit Chromsäure oder Alkohol. Es treten dabei regelmäßige Schrumpfungsfiguren auf, der wahre Feinbau ist selbst mit dem Ultramikroskop nur in Ausnahmefällen sichtbar zu machen[3]).

Die von Nägeli angenommenen Mizellen, deren Existenz seinerzeit experimentell nicht nachgewiesen werden konnte, sind für uns nicht weiter befremdlich, sie werden durch die Kolloidteilchen verkörpert. Zsigmondy und Bachmann[4]) konnten die Strukturen von Gelatinegallerten mit Hilfe des Ultramikroskops bei 1%igen Lösungen sichtbar machen; bei geeigneten Temperaturen läßt sich der Erstarrungsvorgang verfolgen. Zunächst erscheinen zahlreiche Ultramikronen, die sich anfangs noch in lebhafter Bewegung befinden und sich nach und nach zu größeren Aggregaten zusammenlagern; auf diese Weise entstehen Flocken, die den Anblick einer feinkörnigen Struktur gewähren. Lösungen höherer Konzentration erscheinen auch unter dem Ultramikroskop homogen.

Am meisten Wahrscheinlichkeit hat heute die Vorstellung, daß in den Gelatinelösungen kleinste von Wasserhüllen umgebene Teilchen vorhanden sind, vielleicht besitzen dieselben sogar noch eine gewisse Strukturierung von ihrem Ursprung aus dem tierischen Gewebe her, etwa die Ausbildung in Form feinster Fädchen oder Fäserchen, die beim Erstarren der Lösung zunächst zu größeren langgestreckten Gebilden zusammentreten und schließlich zu einem vollständigen Netzwerk verwachsen, welches das überschüssige Wasser einschließt.

Das Vorhandensein einer solchen sekundären Struktur wird noch durch andere Beobachtungen wahrscheinlich gemacht. Betrachtet man die Kurve der isothermen Entwässerung (s. Abb. 7, S. 9), so läßt sich feststellen, daß die Hauptmenge des Wassers einer Gallerte bei einer sehr geringen Dampfdruckerniedrigung abgegeben wird, diese Menge dürfte dem mechanisch eingeschlossenen Wasser entsprechen, ein weiteres Quantum von Wasser ist wesentlich fester gebunden und

[1]) O. Bütschli, Untersuchungen über Strukturen (Leipzig 1898).
[2]) C. v. Nägeli, Theorie der Gärung, 98—100 (München 1879).
[3]) W. Bachmann, Ztschr. f. anorg. Chem. 73, 125 (1911).
[4]) Desgl.

entweicht erst bei beträchtlicher Herabsetzung des Dampfdrucks, ein scharfes Umbiegen der Kurve läßt den Unterschied in der Bindungsweise des Wassers für beide Fälle deutlich hervortreten; hier handelt es sich jedenfalls um den Wasseranteil, der in den Wasserhüllen der Ultramikronen festgehalten ist. Ein kleiner Rest von Wasser läßt sich erst bei äußerst niederem Dampfdruck entziehen, möglicherweise handelt es sich dabei um chemisch gebundenes Wasser.

Das Verhalten bei der Quellung von verschieden vorbehandelter Gelatine läßt eine sekundäre Struktur in der Gelatine-Gallerte ebenfalls als sehr wahrscheinlich vermuten. Dies zeigt folgender Versuch[1]): Man läßt Gelatine aufquellen, schmilzt bei 65° und stellt durch Verdünnen mit Wasser derselben Temperatur Lösungen von 30, 20 und 10% Trockengehalt her, gießt von jeder Lösung in je einen Blechbehälter von gleicher Grundfläche so viel ein, daß jedes Gefäß die gleiche Menge an Trockensubstanz enthält. Die Volumina der Lösungen verhalten sich daher zueinander wie $\frac{1}{3}$: $\frac{1}{2}$: 1. Nach dem Erkalten löst man die Gallertplatten aus den Formen und trocknet in einem Luftstrom von 30° C. Man hat nun vier trockene Tafeln von der gleichen Leimsorte, die die gleichen Dimensionen und das gleiche Gewicht aufweisen. Man stellt von denselben ein Pulver von 0,5 mm Korngröße her und führt damit Quellversuche nach der Volummethode aus (s. S. 6), dabei findet man durchaus voneinander abweichende Werte für das Quellungsmaximum (s. Abb. 13).

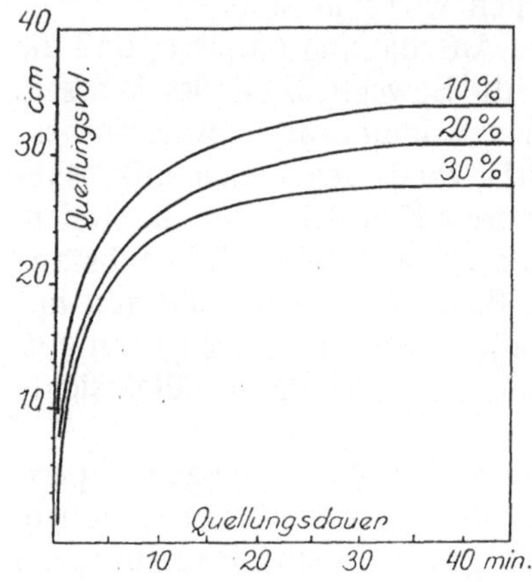

Abb. 13.
Quellmaxima von Leimpulvern.

Der Trockenleim, der aus der Gallerte mit höchstem Wassergehalt hergestellt war, erreicht bei der nochmaligen Wasseraufnahme auch wieder das höchste Volumen. Die dem ursprünglichen Wassergehalt entsprechende verschiedene Struktur der einzelnen Proben wird bei der Trocknung bis zu einem gewissen Grade erhalten und ist beim erneuten Quellen bestimmend für das Quellungsmaximum.

Die Elastizität der Gallerte.

Die Elastizität oder Gallertfestigkeit wird vielfach in der Gelatine- und Leimindustrie als Maßstab für die Bewertung dieser Erzeugnisse, besonders der Gelatine herangezogen; aus diesem Grunde soll hier etwas näher auf sie eingegangen werden.

Man begnügt sich meist mit empirischen Methoden; in diesem Fall, besonders wenn es sich um Betriebskontrolle handelt, ist das Glutinometer von G r e i n e r[2]) recht gut geeignet. Für wissenschaftliche Zwecke wird man die Bestimmung des Elastizitätsmoduls bevorzugen. Solche Messungen wurden zahlreich ausgeführt, da die Gelatinegallerte wegen ihrer hohen Elastizitätsgrenze ein beliebtes Material für die Bestimmung der elastischen Konstanten bildete. Bei der Bestimmung des Elastizitätsmoduls wurden meist die üblichen Methoden angewandt: Dehnung band- und zylinderförmiger Gallertkörper, auch Torsion von Gallertzylindern, wobei das Drehmoment z. B. durch ein Hebelgewicht hervorgerufen wurde[3]).

---

[1]) Nach eigenen Versuchen mit R. K l e v e r k a u s.
[2]) C. G r e i n e r, Spezialingenieur für Leim- und Gelatinefabrikation, Neuß a. Rh.
[3]) R. M a u r e r, Ann. d. Phys. u. Chem. **28**, 628 (1886). P. v. B j e r k e n, dieselbe **43**, 817 (1891). E. F r a a s, dieselbe **53**, 1074 (1894). A. L e i k, dieselbe **319**, 139 (1904). M. G i l d e m e i s t e r, Ztschr. f. Biol. **63**, 175 (1914). E. H a t s c h e k, Kolloid-Ztschr. **28**, 210 (1921). J. S. S h e p p a r d und S. S w e e t, Journ. Am. Chem. Soc. **43**, 539 (1922).

Von den Ergebnissen der genannten Arbeiten mag kurz hervorgehoben werden, daß nach A. Leik sich der Elastizitätsmodul mit dem Quadrat der Konzentration ändert. Sheppard und Sweet gelangten zu einer allgemeineren Gleichung, die zwei Konstante enthält.

Die thermische Vorbehandlung übt eine ähnliche Wirkung auf den Elastizitätsmodul wie auf die Viskosität aus. Mit zunehmender Erhitzungsdauer ist eine bedeutende Abnahme der Festigkeit zu beobachten.

Ebenso treten in völliger Analogie zur inneren Reibung sog. Hysteresiserscheinungen auf, insofern als der Elastizitätsmodul nach dem Erstarren zeitlich variabel ist und erst nach mindestens 24 Stunden einen konstanten Endwert erreicht.

Von den Verfahren zur Bestimmung des Elastizitätsmoduls hat nur das von Sheppard und Sweet[1]) praktische Bedeutung. Ihr Torsionsdynamometer hat jedoch wie alle ähnlichen Vorrichtungen den Nachteil, daß Gallertzylinder in einer besonderen Form hergestellt werden müssen und dann in den Apparat eingespannt werden. Es ist jedoch bei einer solchen Arbeitsweise fast ausgeschlossen, Gelatinekörper von genau bestimmten Dimensionen zur Anwendung zu bringen, abgesehen von den Fehlern, die durch das Einspannen selbst entstehen.

Aus diesem Grunde wurde von E. Sauer und E. Kinkel eine neue einfache, auf für praktische Zwecke geeignete Methode zur Bestimmung des Elastizitätsmoduls der Scherung ausgearbeitet[2]), bei welcher die Gallertkörper bei der gleichen Temperatur in ein und demselben Behälter hergestellt und der Messung unterworfen werden (Abb. 14).

Bei den Versuchen wurde gefunden, daß für wenig veränderte Gelatine bezüglich des Verhältnisses von Elastizitätsmodul und Konzentration die quadratische Gleichung nach Leik Gültigkeit besitzt, während für stärker abgebaute Erzeugnisse der allgemeineren Gleichung von Sheppard und Sweet der Vorzug zu geben ist.

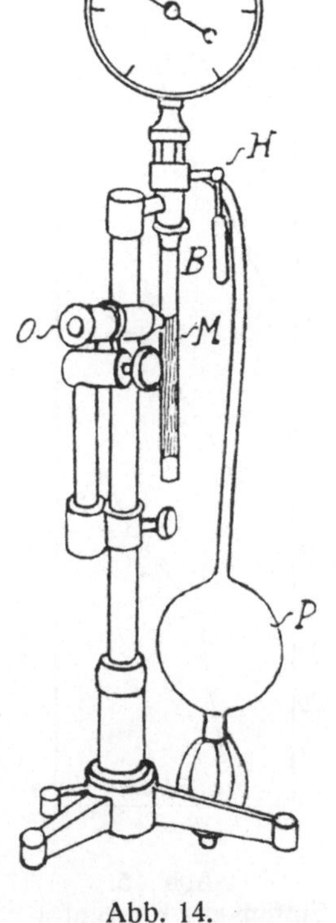

Abb. 14.
Elastometer von Kinkel und Sauer.

| Der Verflüssigungs- und Erstarrungspunkt der Gallerte. |

Beim Erwärmen beginnt eine Gallerte von Gelatine oder Leim von einer bestimmten Temperatur an sich zu verflüssigen. Dieser „Schmelzpunkt" ist natürlich nicht zu vergleichen mit dem Schmelzpunkt der kristallisierten Stoffe. In der wissenschaftlichen Literatur wird ihm auch nicht die gleiche Bedeutung beigemessen wie etwa der Viskosität und Gallertfestigkeit; dasselbe gilt für die Messung des Erstarrungspunktes.

Bogue[3]) faßt den letzteren als Grenzwert der Viskosität auf. Der Erstarrungspunkt ist erreicht, wenn die Viskosität $= \infty$ wird.

Vom technischen Standpunkt aus verdient jedoch dieser Übergangspunkt beträchtliches Interesse; ja man kann sagen, er bildet diejenige physikalische Eigen-

[1]) Loc. cit.
[2]) E. Sauer und E. Kinkel, Ztschr. f. angew. Chem. **38**, 413 (1925). Der abgebildete Apparat wird von der Firma F. Köhler, Universitätsmechaniker a. D., Leipzig, hergestellt.
[3]) R. H. Bogue, Chem. Met. Eng. **23**, 64, 105 (1920).

schaft der Leimlösung, welcher während des Fabrikationsganges in erster Linie Beachtung geschenkt wird.

Einerseits steht die Verflüssigungstemperatur der Gallerte in gewisser Beziehung zur Reinheit des betreffenden Glutinpärparats und wird daher als Wertmaßstab für Gelatine und Leim benutzt; dann hängen die Verarbeitungsbedingungen stark von dieser Größe ab. Eine niedrig schmelzende Gallerte muß stärker eingedampft werden um schneidbare Blöcke zu ergeben als eine höher schmelzende. Beim Trockenvorgang kann ein Überschreiten der Schmelztemperatur zu einer Verflüssigung des Trockenguts führen. Liegt der Schmelzpunkt sehr nieder, so ist die Folge davon ein Anwachsen der Trockendauer, was mindestens mit erhöhten Kosten, wenn nicht gar mit Zersetzungserscheinungen in der feuchten Gallerte verknüpft ist.

Wir finden eine ganze Reihe von Arbeitsmethoden zur Bestimmung des Schmelzpunkts, am bekanntesten ist die nach Kißling[1]), der das Schmelzen in horizontal liegenden Reagenzgläschen in einem Wasserbad beobachtet. Erwähnt seien noch die Verfahren nach Chercheffsky[2]), Cambon[3]), Herold[4]), Sheppard und Sweet[5]) und E. Sauer[6]). Zu beachten ist noch, daß konstante Werte für den Schmelzpunkt nur erhalten werden, wenn man immer dieselbe Kühlzeit und Kühltemperatur einhält. Der Schmelzpunkt steigt bei zunehmender Konzentration an (s. Abb. 15). Durchschnittswerte für den Schmelzpunkt siehe Tabelle 8.

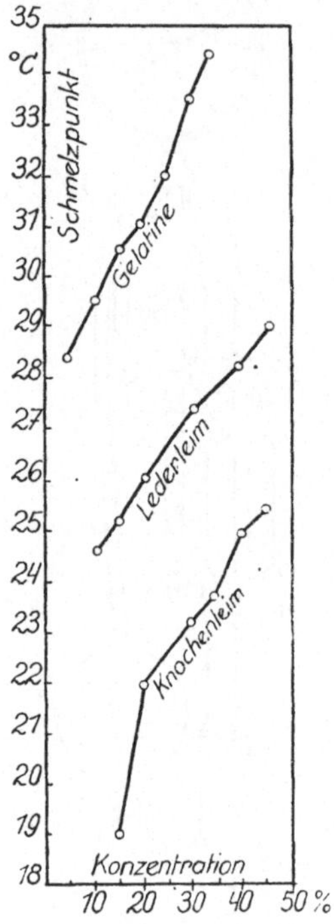

Abb. 15.
Einfluß der Konzentration auf den Gallertschmelzpunkt.

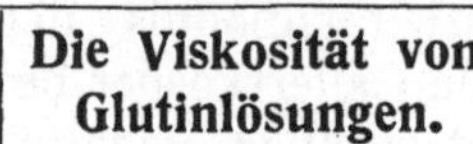

Die Viskosität von Glutinlösungen.

Über die theoretischen Grundlagen für die Messung dieser Eigenschaft im allgemeinen handelt ein besonderer Abschnitt des vorliegenden Werkes, hier soll daher nur das für den Praktiker Wichtige mitgeteilt werden.

Die Viskosität, auch Zähflüssigkeit oder innere Reibung genannt, ist eine Eigenschaft, die bei den Lösungen der Glutinsubstanz in ausgeprägtem Maße hervortritt. Die Messung derselben ist von großer Wichtigkeit, weil selbst geringe Änderungen im Zustand der Kolloide nachhaltig den Wert der Viskosität beeinflussen. Graham bezeichnete das Viskosimeter als Kolloidoskop, wobei er richtig erkannt hatte, daß gerade in der Viskositätsmessung eine Untersuchungsmethode gegeben ist, die sich für die Kolloidchemie hervorragend eignet. Aus diesem Grund hat die Viskositätsbestimmung schon seit längerer Zeit in der Leimindustrie als Methode zur Wertbestimmung Eingang gefunden.

Weitaus die meisten der zahlreichen Apparate, die zur Messung der Viskosität konstruiert wurden, beruhen auf der Messung der Ausflußzeit der Flüssigkeit aus einer Kapillare. Auf letzterem Prinzip sind auch die bekannten Viskosimeter von Engler und Ostwald begründet, die auch mit Vorteil für die Messungen bei Gelatine und Leim benutzt werden.

[1]) R. Kissling, Ztschr. f. angew. Chem. **17**, 398 (1903).
[2]) Chercheffsky, Chem. Ztg. 413 (1901).
[3]) Fusiometer von Cambon, s. z. B. Küttner und Ulrich, Ztschr. f. öffentl. Chem. **13**, 121 (1907).
[4]) J. Herold, Chem. Ztg. **34**, 203 (1910) und **35**, 93 (1911).
[5]) S. E. Sheppard und S. Sweet, Journ. Ind. a. Eng. Chem. **13**, 423 (1921).
[6]) E. Sauer, Kunstdünger- und Leimindustrie, Jahrgg. 1924.

Das erstere dient hauptsächlich für technische Bestimmungen, das letztere wegen der einfachen Bauart zu wissenschaftlichen Versuchen. Ostwald-Viskosimeter mit engen Kapillaren sind für die Messung von Glutinlösungen einigermaßen höherer Konzentration ungeeignet. Störende Einflüsse, z. B. Scherungskräfte[1], verschieben stark den eigentlichen Viskositätswert. Man macht die Beobachtung, daß die Zahlenwerte, die mit verschiedenen Instrumenten für die relative Viskosität bezogen auf den Viskositätswert des Wassers = 1, gefunden werden, beträchtlich voneinander abweichen. Diese Erscheinung ist recht unerwünscht, da sie es unmöglich macht, die von verschiedenen Forschern gefundenen Ergebnisse miteinander zu vergleichen.

Für höhere Trockengehalte bei Leimlösungen empfiehlt sich die in Abb. 16 wiedergegebene Form des Ostwald-Viskosimeters, deren Dimensionen aus der Abbildung ersichtlich sind[2].

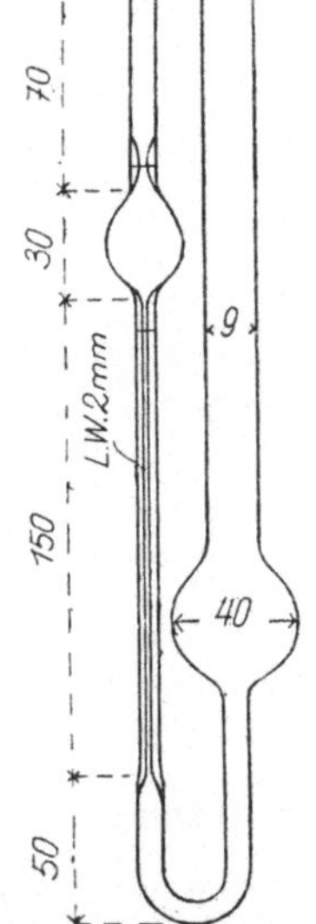

Abb. 16.
Viskosimeter von Ostwald.

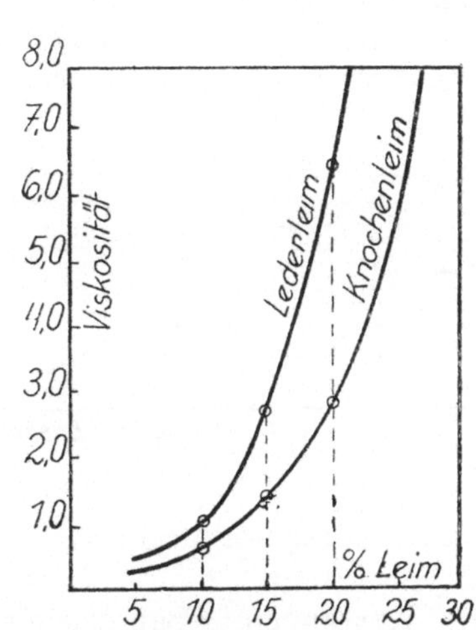

Abb. 17.
Einfluß der Konzentration auf die Viskosität von Leim.

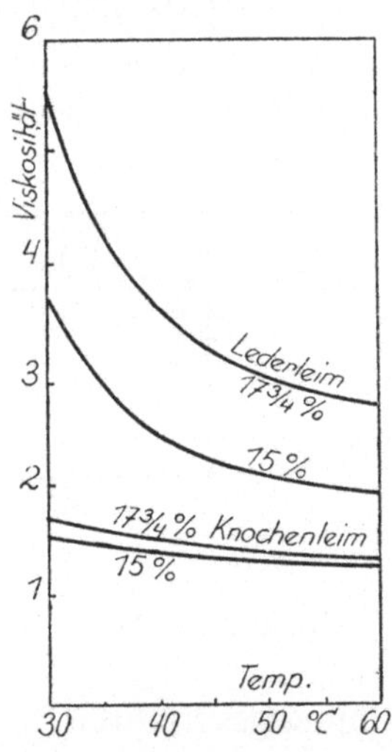

Abb. 18.
Einfluß der Temperatur auf die Viskosität.

Einfluß der Konzentration auf die Viskosität. Der Viskositätswert einer Glutinlösung ist stark von der Konzentration und ebenso von der Temperatur abhängig, das hat nicht nur theoretisches Interesse, sondern diese Faktoren sind in erster Linie zu berücksichtigen, wenn es gilt, eine für praktische Zwecke in der Leim- oder Gelatineindustrie anwendbare Methode der Viskositätsmessung auszugestalten. Um die am besten geeignete Konzentration für die Viskositätsmessung zu ermitteln, wurden die entsprechenden Werte für eine größere Anzahl Lederleime und Knochenleime ermittelt und jeweils das Mittel aus diesen Zahlen genommen. Auf diesem Wege sind die Werte entstanden, die in Abb. 17 als Kurven aufgezeichnet wurden.

Bei 10% Trockengehalt liegen die entsprechenden Kurvenpunkte von Lederleim und Knochenleim recht nahe beieinander, bei höheren Gehalten vergrößert sich der Abstand immer mehr. Soll nun die Viskositätsbestimmung als Maßstab für den Gebrauchswert dienen, so darf die Konzentration nicht zu hoch gewählt werden, da der Abstand zwischen beiden Sorten nicht mehr dem wirklichen Quali-

[1] E. Hatschek, Ztschr. f. koll. Chem. **7**, 301 (1910); **8**, 34 (1911); **12**, 238 (1913).
[2] A. Gutbier, E. Sauer und E. Schelling, Kolloid-Ztschr. **30**, 376 (1922).

tätsunterschied entspricht. Nach obiger Abbildung erscheint eine Konzentration von 15%, als brauchbarer Mittelwert, weil hier der Unterschied beider Sorten genügend hervortritt und andererseits nicht unverhältnismäßig groß wird.

| Temperatur. | Mit zunehmender Temperatur nimmt die Viskosität beträchtlich ab (s. Abb. 18). Bei Lederleim bzw. Gelatine tritt diese Erscheinung stärker hervor. Die Gehalte von 15 und 17¾% wurden gewählt, weil beide Konzentrationen für die Viskositätsbestimmung bei Anwendung derselben als Wertmaßstab in Vorschlag gebracht wurden.

| **Die Viskositätsmessung als Methode zur Wertbestimmung.** | Erstmals von J. Fels[1]) wurde der Vorschlag gemacht, die Viskosität als Maßstab der Qualität für Leim anzuwenden.

Er benutzte das Englersche Viskosimeter und arbeitete mit Leimlösungen von 15% Trockengehalt bei 30°, später bei 35° C.

Man erhält dabei für Lederleim Werte von 1,80—5,00, für Knochenleim 1,40—1,80. Über- oder Unterschreitungen dieser Zahlen kommen gelegentlich auch vor; unter Knochenleim ist hier nur der nach dem meist gebräuchlichen

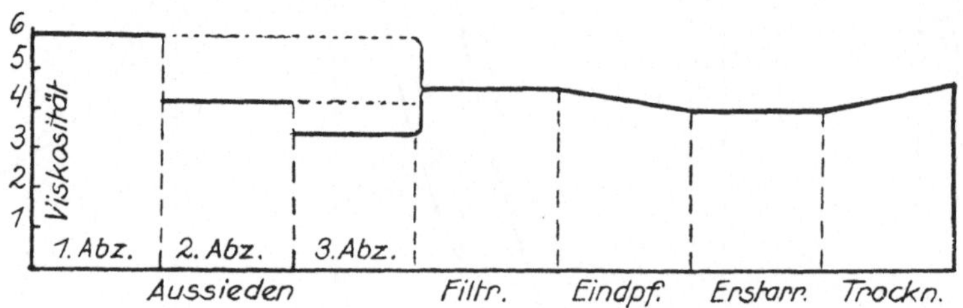

Abb. 19.
Verfolgung der Viskosität in den verschiedenen Stadien der Lederleimherstellung.

Dämpfungsverfahren hergestellte verstanden. Bei Nachprüfung der Versuchsbedingungen erwiesen sich die angegebene Temperatur und Konzentration als recht zweckmäßig gewählt.

Von dem Kriegsausschuß für Ersatzfutter wurde seinerzeit abweichend davon die folgende Arbeitsvorschrift gegeben: „Die Ausflußzeit einer Leimlösung von 17¾% Trockengehalt, festgestellt mit dem Leimaräometer nach Suhr wird bei 30° C mit dem Englerschen Viskosimeter bestimmt. Dieser Wert, geteilt durch die Ausflußzeit von destilliertem Wasser bei 30° ergibt die Viskosität.

Lederleime mit einer Viskosität über 3,00 gelten als erste Qualität unter 3,00 als zweite Qualität, ebenso Knochenleime über bzw. unter der Viskosität 2,0[2]).“

Die Temperatur von 30° ist für Lederleim unbedingt zu niedrig, da sie etwa bei dem Erstarrungspunkt liegt. Später wurde anscheinend die Versuchstemperatur auf 40° erhöht, wenigstens für Lederleim, so daß die Viskosität je nach der Leimsorte bei zwei verschiedenen Temperaturen vorzunehmen ist. Wie nach dieser Vorschrift, die teilweise noch im Gebrauch ist, bei Leimsorten, deren Herkunft erst ermittelt werden soll oder bei Mischleimen zu verfahren ist, bleibt unklar.

Der Wert der Viskositätsmessung als Prüfungsmethode wird leider durch verschiedene Faktoren beeinträchtigt. Die Anwesenheit von Elektrolyten besonders von H˙ und OH′ beeinflußt merklich die Viskosität (S. 26); bei Vergleichung mit

[1]) J. Fels, Chem. Ztg. **21**, 56 (1897); **25**, 23 (1901).
[2]) M. Rudeloff, Mitteilungen aus dem Mat.-Prüfungsamt **36**, 2 (1918); **34**, 33 (1919).

andern Prüfungsverfahren ergeben sich ebenfalls gewisse Unstimmigkeiten, deren Ursache nicht immer ermittelt werden kann.

Die Viskosität als Hilfsmittel der Betriebskontrolle.

Ganz ausgezeichnete Dienste, die durch keine chemische Methode zu ersetzen sind, leistet die Viskositätsmessung bei der Betriebskontrolle. Hier wird es sich empfehlen, unter Umständen geringere Konzentrationen als oben angegeben bei der Messung anzuwenden, da im Gang der Fabrikation auch Lösungen unter einem Gehalt von 15% anfallen.

Man kann schnell und einfach in jedem Stadium des Arbeitsprozesses sich ein Bild vom kolloiden Zustand der Leimsubstanz machen. Es ist nur notwendig, Proben der Leimlösung zu entnehmen, sie mit Hilfe des Aräometers auf die Versuchskonzentration einzustellen und die Viskosität zu bestimmen.

Soll ein neues Arbeitsverfahren erprobt werden, hat man einen neuen Rohstoff zu verarbeiten oder versucht man ein Klärverfahren oder eine besondere Trockenmethode, immer gibt die Viskositätsmessung schnell Auskunft über das Schicksal der so empfindlichen Glutinsubstanz (s. auch S. 4).

Vorstehende schematische Abbildung (Abb. 19) bringt die Änderung der Viskosität im Verlauf des Fabrikationsganges von Lederleim zum Ausdruck.

III. Glutin bei Gegenwart von Elektrolyten.

Gelatine als amphoteres Kolloid.

Wie bei Stoffen der Eiweißklasse überhaupt, finden wir bei Glutin die Eigenschaft, daß es durch Zusatz von Säuren positiv, durch Alkalien negativ geladen wird. Sehr geringe Mengen der betreffenden Elektrolyte sind schon ausreichend, um diesen Effekt hervorzubringen[1]).

Die Ursache dieser Erscheinung müssen wir darin suchen, daß die Gelatine entsprechend ihrem Aufbau aus Aminosäuren in den einzelnen Molekülen sowohl Amido-, als auch Carboxylgruppen enthält. Ist nur Säure anwesend, z. B. Salzsäure, so entsteht ein Ammoniumsalz, der Vorgang sei durch nachstehende Gleichung wiedergegeben[2]), wo R den Rest des Glutinmoleküls darstellt:

$$R\!<\!\genfrac{}{}{0pt}{}{NH_2}{COOH} + HCl = R\!<\!\genfrac{}{}{0pt}{}{NH_3Cl}{COOH}\,.$$

Letzteres dissoziiert teilweise in:

$$R\!<\!\genfrac{}{}{0pt}{}{NH_3Cl}{COOH} \rightleftarrows R\!<\!\genfrac{}{}{0pt}{}{NH_3^{\,\cdot}}{COOH} + Cl'\,.$$

Das Eiweißteilchen bleibt also mit positiver Ladung zurück. In entsprechender Weise kann ein neutrales Glutinmolekül auch negativ geladen werden, wenn man ein Alkali zufügt:

$$R\!<\!\genfrac{}{}{0pt}{}{NH_2}{COOH} + NaOH = R\!<\!\genfrac{}{}{0pt}{}{NH_2}{COONa} + H_2O \rightleftarrows R\!<\!\genfrac{}{}{0pt}{}{NH_2}{COO'} + Na^{\cdot}$$

Nach Loeb[3]) verbindet sich Gelatine mit Säuren nur, wenn die Wasserstoffionenkonzentration der Lösung einen bestimmten kritischen Wert überschritten

---

[1]) W. Pauli, Beitr. z. chem. Physiol. **7**, 531 (1906).
[2]) W. Pauli und H. Handovsky, Ztschr. f. Biochem. **18**, 340, 371 (1909).
[3]) J. Loeb, Die Eiweißkörper (Berlin 1924), 4.

hat; sie muß höher sein als n/50000 ($p_H = 4{,}7$). Das Glutin verhält sich dann, als ob es eine Base wie Ammoniak sei und ist imstande, mit Säuren Salze zu bilden. Liegt aber die Wasserstoffionenkonzentration der Lösung unterhalb dieses kritischen Werts, so reagiert das Glutin genau so, als ob man eine Säure, z. B. Essigsäure, vor sich hätte, es kann nunmehr Salze mit basischen Komplexen bilden. Bei dem kritischen Wert der Wasserstoffionenkonzentration kann sich das Protein praktisch weder mit einem sauren noch mit einem basischen Rest, auch nicht mit einem neutralen Salz verbinden[1]).

Diesen Wert der Wasserstoffionenkonzentration nennt man den isoelektrischen Punkt des Glutins.

Von anderen Forschern, z. B. von Wo. Ostwald und W. Pauli[2]), wird die Ansicht Loebs, daß Eiweiß nur zu beiden Seiten des isoelektrischen Punkts mit Salzionen reagiert, und zwar auf der alkalischen mit Metallionen, auf der sauren mit Anionen, abgelehnt; letzterer weist nach, daß einerseits von ein und demselben Eiweißkörper gleichzeitig beide Ionen eines Salzes gebunden werden, andererseits auch von reinsten alkali- oder säureproteinfreien Eiweißkörpern direkte Ionenbindung eingegangen werden.

Sicher ist auf jeden Fall, daß dem isoelektrischen Punkt eine bevorzugte Stellung zukommt.

Er wurde erstmals von W. B. Hardy[3]) festgestellt, welcher zeigte, daß die Wanderungsrichtung von koaguliertem Eiweiß im elektrischen Strom durch saure oder alkalische Reaktion des Dispersionsmittels bestimmt ist.

Michaelis[4]) wies später nach, daß bei dem isoelektrischen Punkt der Eiweißkörper nicht etwa ein vollkommener Stillstand, sondern eine geringe Wanderung nach beiden Polen stattfindet. Bei isoelektrischer Reaktion fehlt also nicht die Ladung des Eiweißes, sondern es sind geringe Mengen, und zwar gleichviel positive wie negative Ionen vorhanden.

Der isoelektrische Punkt der Eiweißkörper liegt nicht genau bei chemisch neutraler Reaktion; die saure Dissoziationskonstante des Glutins ist etwas größer als die alkalische, erst bei schwach saurer Reaktion, für Glutin bei einer Wasserstoffionenkonzentration $= 2 \cdot 10^{-5}$ ($p_H = 4{,}7$), wird der isoelektrische Punkt erreicht. Gerngroß[5]) gibt für besonders reine Knochengelatine den Wert $p_H = 5{,}05$ an. Wilson[6]) berichtet von einem zweiten isoelektrischen Punkt im alkalischen Gebiet bei $p_H = 8{,}0$.

Einen charakteristischen Wert, und zwar ein Minimum zeigen beim isoelektrischen Zustand u. a. folgende Eigenschaften des Glutins: Quellung, osmotischer Druck, Viskosität, Schmelzpunkt der Gallerte und Fällungszahl mit Alkohol.

| **Hofmeistersche Reihen.** | Zahlreiche Forscher haben sich mit dem Einfluß von Elektrolyten auf die kolloidchemischen Eigenschaften |

der Eiweißkörper beschäftigt. Gekennzeichnet sind diese Arbeiten durch zwei Marksteine: Hofmeistersche Reihen und Wasserstoffionenkonzentration.

Hofmeister[7]) fand, daß die Einwirkung von Neutralsalzen auf die Ausfällung, Quellung und andere Eigenschaften bei Eiweißstoffen eine durchaus ver-

[1]) J. Loeb, Journ. of gen. Phys. **1**, 39, 237 (1918—1919), **3**, 85, 547 (1920—1921).
[2]) W. Pauli, Ztschr. f. Biochem. **153**, 253 (1924).
[3]) W. B. Hardy, Proc. of the roy. soc. of London **66**, 110 (19100).
[4]) L. Michaelis, Ztschr. f. Biochem. **19**, 181.
[5]) O. Gerngroß und H. Bach, Collegium 350 (1920).
[6]) J. A. Wilson und E. G. Kern, Journ. Am. Chem. Soc. **44**, 2633 (1922); **45**, 3139 (1923).
[7]) F. Hofmeister, Archiv f. experim. Pathol. und Pharmakol. **27**, 345—413 (1890).

schiedene ist. Ordnet man die einzelnen Elektrolyte nach dem Grad der Wirkung, mit welchem sie z. B. die Quellung fördern, so ergibt sich, daß die Reihenfolge der Anionen die gleiche bleibt, auch wenn man Salze verschiedener Kationen anwendet. Ähnliches, jedoch weniger ausgeprägt, gilt auch für Kationen. Man bezeichnet die Gesetzmäßigkeit als Hofmeistersche Ionenreihen.

Die geringste Wirkung zeigen Sulfate, die höchste Jodide bzw. Rhodanide. W. Pauli bestätigte diesen Befund, wie die nachstehende Tabelle erweist[1]).

Tabelle 2.

Erhöhung des Erstarrungspunkts	Erhöhung des Quellungsmaximums	Herabsetzung der Fällungswirkung gegenüber von Gelatine
Sulfat	Sulfat	Sulfat
Citrat	Citrat	Citrat
Tartrat	Tartrat	Tartrat
Acetät	Acetat	Acetat
Chlorid	Chlorid	↓ Chlorid
Chlorat	Chlorat	
Nitrat	Nitrat	
Bromid	↓ Bromid	
↓ Jodid		

Sehr scharf wird die Gültigkeit der Reihen von Loeb[2]) angegriffen, da man versäumt habe, die vergleichenden Versuche jeweils bei gleicher Wasserstoffionenkonzentration der betreffenden Elektrolyte durchzuführen. Die Folge davon sei, „daß man die Wirkung verschiedener Wasserstoffionenkonzentration irrtümlich auf die chemische Natur der Anionen bezog". Nach Loeb wird der osmotische Druck, die Viskosität und Quellung von Chlorid, Bromid, Jodid, Nitrat, Azetat, Propionat und Laktat bei einem bestimmten p_H quantitativ gleich beeinflußt; nur die Valenz, nicht die chemische Natur gibt den Ausschlag; die Hofmeisterschen Reihen stellen Fiktionen dar.

Wenn man sich auch einer so extremen Stellungsnahme nicht anschließen will — die experimentellen Beweise Loebs erscheinen nicht ausreichend hierfür —, so ist doch zu beachten, daß die Hofmeisterschen Reihen stark von der Wasserstoffionenkonzentration abhängig sind.

Bei der Fällung von Eiweiß kehrt sich in schwach saurer Lösung die ausfällende Wirkung der aufgeführten Ionen in ihrer Reihenfolge gerade um[3]); jetzt besitzen Jodide und Rhodanide die stärkstfällende Wirkung, während dies bei Sulfaten am wenigsten der Fall ist.

Das Bild ändert sich auch mit den Versuchsbedingungen, die Maximalwirkung wird bei den einzelnen Elektrolyten nicht bei gleicher Konzentration erreicht, eine vergleichende Betrachtung bei ein und derselben Konzentration für alle Elektrolyte wird daher den Vorgängen nicht gerecht werden.

Wasserstoffionenkonzentration. Die außergewöhnliche Wirkung von Säuren und Basen auf die Eigenschaften der Glutinsubstanz sind dem Leimfabrikanten schon sehr lange bekannt, ohne daß sich Angaben hierüber in der Literatur finden.

---

[1]) W. Pauli, Arch. f. ges. Physiol. **71**, 333 (1898); **78**, 315 (1899).
[2]) J. Loeb, Die Eiweißkörper (Berlin 1924), 16.
[3]) S. Posternak, Ann. Inst. Pasteur. **15**, 85 (1908).

3*

In Abb. 20 ist der Einfluß von Säuren und Alkalien auf Quellung, Viskosität und osmotischen Druck (nach Loeb) wiedergegeben. Besonders in der Nähe des isoelektrischen Punkts ist der Einfluß der Wasserstoffionenkonzentration unverkennbar.

Alle Eigenschaften, die mit zunehmender Ionisation zahlenmäßig wachsen, müssen im isoelektrischen Punkt ein Minimum haben, denn hier ist der Dissoziationsgrad ein Minimum.

Ein sehr wertvolles Hilfsmittel, um einen klaren Einblick in Vorgänge bei Einwirkung von Säuren oder überhaupt von Elektrolyten auf Glutin zu erhalten, sind die Methoden der Bestimmung der Wasserstoffionenkonzentration.

Man hat bei Anwesenheit irgendwelcher Säuremengen zu unterscheiden zwischen der durch Titration feststellbaren Gesamtsäuremenge (Titrieracidität) und dem Anteil, der als freies Wasserstoffion wirklich verfügbar ist (aktuelle Azidität[1])).

Man wird nun in solchen Fällen, wo es sich um reine Säurewirkung handelt, nur durch Bestimmung der Wasserstoffionenkonzentration ein wahres Bild von dem in Rechnung zu setzenden Säurezustand der jeweils vorliegenden Versuchslösung erhalten.

Die Konzentration der Wasserstoffionen wird elektrometrisch oder mit Hilfe von bestimmten Indikatoren nach Sörensen[2]) oder Michaelis[3]) bestimmt, diese Methoden sind inzwischen Allgemeingut bei den Chemikern der in Frage stehenden Industrie geworden, so daß hier nicht auf sie eingegangen zu werden braucht; die erforderlichen Spezialapparate sind im Handel erhältlich.

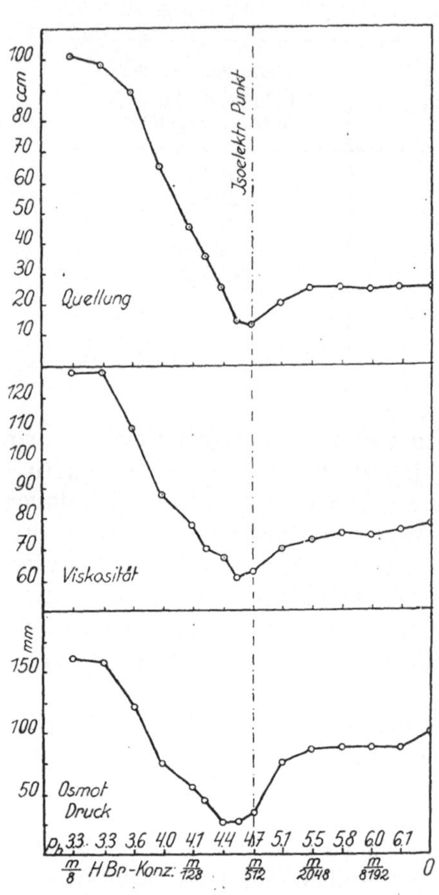

Abb. 20.
Quellung, Viskosität und osmotischer Druck
von Gelatine im isoelektrischen Punkt.

Nach Sörensen[4]) gibt man die Wasserstoffionenkonzentration nicht als solche an, da es sich dabei vielfach um sehr kleine Zahlenwerte handeln wird, sondern den negativen Logarithmus dieser Zahl und bezeichnet ihn mit der Abkürzung p_H = Wasserstoffexponent. Nachstehende Tabelle gibt am besten über den Zusammenhang der betreffenden Zahlenwerte Auskunft.

Diese Ausdrucksweise hat besonders bei Berechnung der Wasserstoffionenkonzentration aus den Meßergebnissen gewisse Vorteile, ebenso bei der graphischen Darstellung größerer Spannweiten der aktuellen Azidität; für den Praktiker er-

[1]) L. Michaelis, Praktikum d. physikal. Chemie, 3. Aufl. (1926).
[2]) S. P. L. Sörensen, Ztschr. f. Biochem. **21**, 131 (1909).
[3]) L. Michaelis und A. Gyemant, Ztschr. f. Biochem. **109**, 165 (1920).
[4]) S. P. L. Sörensen, loc. cit.

scheint sie nicht sehr günstig gewählt. Die aufgezeichneten Kurven geben infolge der logarithmischen Einteilung ein stark verzerrtes Bild der tatsächlichen Verhältnisse; steigende Säuregehalte entsprechen abnehmenden Zahlen des p_H-Wertes, die einzelnen Intervalle der Skala sind ungleichwertig (die Konzentration $p_H = 3{,}0$ ist z. B. tausendmal größer als $p_H = 6{,}0$ usw.).

Tabelle 3.

Normalität[1])		Säurekonzentration: g H'/Litr.		p_H
1 n	HCl	1 g	oder 1,0 g	0,0
0,1 n	„	0,1	„ 10^{-1}	1,0
0,01 n	„	0,01	„ 10^{-2}	2,0
0,001 n	„	0,001	„ 10^{-3}	3,0
0,0001 n	„	0,0001	„ 10^{-4}	4,0
0,00001 n	„	0,00001	„ 10^{-5}	5,0
0,000001 n	„	0,000001	„ 10^{-6}	6,0
neutral		0,0000001	„ 10^{-7}	7,0
0,000001 n	KOH	0,00000001	„ 10^{-8}	8,0
0,00001 n	„	0,000000001	„ 10^{-9}	9,0
usw.				

Die Methode der Wasserstoffionenmessung besitzt nicht nur hervorragenden wissenschaftlichen Wert für die Gelatine- und Leimindustrie, sondern man bedient sich derselben auch mit größtem Vorteil für praktische Zwecke. Dazu bieten uns die Indikatorenreihen ein bequemes Hilfsmittel, die selbst der Laie und einfache Arbeiter schnell handhaben lernt. Der Gebrauch von Lackmus und Phenolphthalein ist ja an sich schon üblich. Die Heranziehung weiterer Indikatoren erhöht die Sicherheit der Betriebskontrolle wesentlich. Wenn es gilt, das Rohmaterial und die daraus gewonnenen Lösungen auf dem schmalen Weg der Neutralreaktion oder in deren nächster Nähe durch den ganzen Arbeitsgang hindurchwandern zu lassen, so sind einige geeignete Indikatoren[2]) die Grenzpfähle zu beiden Seiten dieses Wegs, über die hinaus ohne Gefahr von der vorgezeichneten Linie nicht abgewichen werden darf (s. S. 30).

Einfluß von Elektrolyten auf die Quellung.

K. Spiro[3]) und vor allem Wo. Ostwald[4]) haben die Erscheinungen der Quellung von Gelatine in Säuren eingehend verfolgt. Ostwald arbeitete nach der von Hofmeister beschriebenen Plättchenmethode (s. S. 6), die allerdings eine präzise Ermittlung des Quellungsmaximums nicht gestattet.

Wesentlich ist, daß er feststellte, daß in Verdünnung annähernd gleich stark dissoziierte Säuren wie Salzsäure, Salpetersäure und Schwefelsäure nicht gleich

---

[1]) D. h. für den allerdings nur theoretischen Fall, daß die aktuelle Azidität der Gesamtazidität gleich ist.

Einige tatsächliche Werte für p_H von Salzsäure in reinem Wasser sind:

1,0	n HCl	$p_H = 0{,}10$
0,1	n HCl	$p_H = 1{,}071$
0,01	n HCl	$p_H = 2{,}022$
0,001	n HCl	$p_H = 3{,}013$
0,0001	n HCl	$p_H = 4{,}009$

[2]) Indikatorenreihen sind z. B. bei E. Merck, Darmstadt, erhältlich. Indikatorfolien nach P. Wulff (D. R. P. 405091) bei F. u. M. Lautenschläger, München 2, SW 6.

[3]) K. Spiro, Beitr. z. chem. Physiol. **5**, 276 (1904).

[4]) Wo. Ostwald, Arch. f. ges. Physiol. **108**, 563 (1905).

stark quellen, vielmehr Schwefelsäure hierin von der schwachen Essigsäure über-troffen wird. A. Kuhn[1]) untersuchte ebenfalls die Beeinflussung des Quellungs-vorgangs durch eine große Anzahl hauptsächlich organischer Säuren.

Er konnte bei allen Säuren in mittleren Konzentrationen ein Maximum der Quellung feststellen; die Quellung selbst ergibt sich als das Resultat von vier gleichzeitig verlaufenden Vorgängen; es sind dies die eigentliche Quellung, Sol-bildung, Hydrolyse und Ausflockung.

Eine Beziehung zwischen der Größe der maximalen Quellung und den Disso-ziationskonstanten der betreffenden Säuren besteht nicht. Dagegen gibt es eine angenäherte Proportionalität zwischen der Konzentration, bei der das Maximum eintritt, und der Stärke der Säure.

Das Quellungsmaximum wird bei starken Säuren schon bei niederen, bei schwachen Säuren erst bei höheren Konzentrationen erreicht.

Wo. Ostwald, A. Kuhn und E. Böhme[2]) prüften, die Bedeutung der Wasserstoffionenkonzentration auf die Quellung von Gelatine, sie zeigten, daß verschiedene Säuren bei gleichen Wasserstoffionenkonzentra-tionen verschieden stark quellen, daß also auch das Anion bei der Quel-lung berücksichtigt werden muß.

Die Ergebnisse der letztgenann-ten Forscher stehen stark im Wider-spruch zu der Auffassung Loebs[3]) von der reinen Wasserstoffwirkung der Säuren.

Jedoch scheinen bei den ver-schiedenen Arbeitsbedingungen viel-fach überhaupt nicht miteinander ver-gleichbare Verhältnisse vorzuliegen. Es ist ein wesentlicher Unterschied, ob bei geringen oder bei verhältnismäßig hohen Säurekonzentrationen gearbeitet wird, bei letzteren wirkt in manchen Fällen das starke Bestreben zur Solbildung (Verflüssigung der Gallerte) so störend, daß von der Feststellung eines Quellungsmaximums nicht mehr gesprochen werden kann. Man denke an die Essigsäure, die technisch als Verflüssigungsmittel für Leim dient.

In Abb. 21 ist der Verlauf der Quellung von je 2,5 g Leimpulver in Salz-säure bei steigender Säurekonzentration dargestellt[4]). Oben sind die Quellungs-maxima und die p_H-Werte in der Außenflüssigkeit angegeben, unten die Verteilung der jeweils angewandten Säuremenge. Man erkennt, daß bei niederen Konzen-trationen eine starke Verarmung in der Außenflüssigkeit eintritt. Die Haupt-menge der anfangs vorhandenen Säure wird zur Befriedigung des Säurebindungs-vermögens verbraucht.

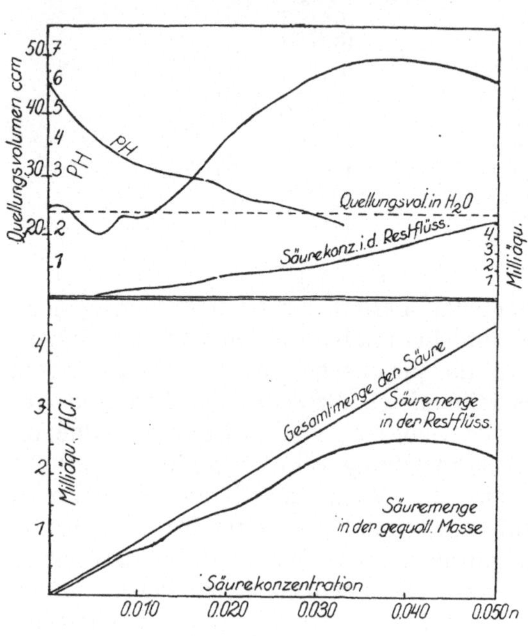

Abb. 21.

Quellungsvolumen und Verteilung der Säure bei Quellung von Gelatine in HCl verschiedener Konzentration.

[1]) A. Kuhn, Kolloidchem. Beih. **14**, 147 (1921—1922).
[2]) Wo. Ostwald, A. Kuhn und E. Böhme, Kolloidchem. Beih. **20**, 142 (1925).
[3]) J. Loeb, loc. cit.
[4]) Nach eigenen Versuchen.

| **Einfluß von Elektrolyten auf die Viskosität.** | Daß bei der Viskosität im isoelektrischen Punkt des Glutins ein Minimum liegt, wurde schon erwähnt; bei zunehmender Wasserstoffionenkonzentration er- |

folgt ein Anstieg der Viskosität bis zu einem Maximum, dann wieder eine Abnahme. Hier kann man ebenfalls die Beobachtung machen, daß auch das Anion der Säure eine Rolle spielt, wie sich aus den beiden nachstehenden Abb. 22 und 23 ergibt[1]), bei Abb. 22 sind die Abszissen die p_H-Werte, bei Abb. 23 dagegen die zugesetzten

Säuremengen. Ein gewisser Einfluß der Wasserstoffionen- konzentration ist nicht zu ver- kennen, insofern als die schwä- cher dissoziierte Essigsäure bei äquivalenten Zusätzen nur eine geringe Steigerung der Viskosi- tät herbeiführt, bei Berücksichti- gung der p_H-Werte rücken dage- gen die Kurven näher zusammen. Bei relativ höheren Essigsäure- konzentrationen steigt dann allerdings die Viskosität be- trächtlich an, ohne daß noch eine Zunahme der Wasserstoffionen- konzentration zu beobachten

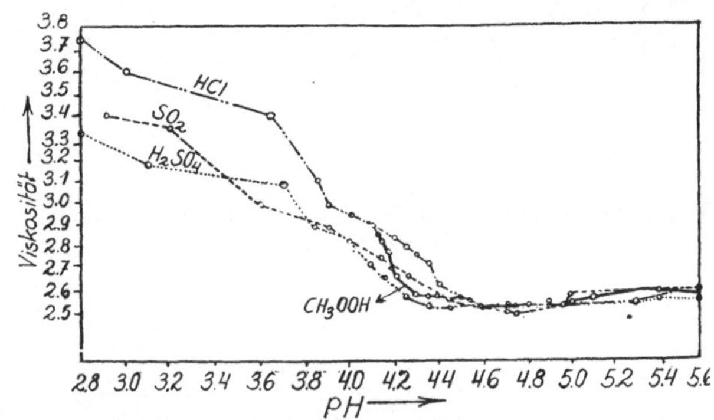

Abb. 22.

Einfluß des p_H auf die Viskosität von Gelatinelösungen bei Anwendung verschiedener Säuren.

wäre. Die Wirkung ist also hier auf Rechnung der undissoziierten Säure zu setzen.

Bogue[2]) fand, daß Maximalwerte der Viskosität bei $p_H = 3,5$ und $p_H = 9$ liegen.

Die Viskositätsmessung wird vielfach als Methode zur Wertbestimmung der

Glutinpräparate herangezogen (s. S. 52). Es ist natürlich von Wichtigkeit zu erfahren, inwieweit die Viskosität durch Einfluß fremder Zusätze sich verschiebt. Die am häufigsten im Leim vorkommenden Säuren sind die schweflige Säure, Schwefelsäure und Salzsäure. Hauptsächlich findet sich freie schweflige Säure im Knochen- leim; Lederleim ist eher schwach alkalisch. Die Menge der im Knochenleim vorkommenden

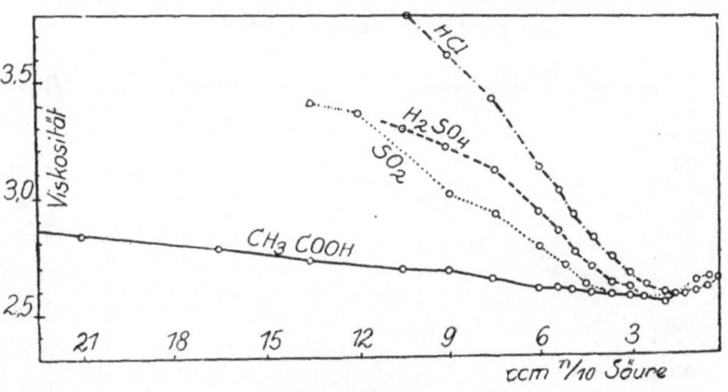

Abb. 23.

Einfluß äquivalenter Säuremengen auf die Viskosität von Gelatinelösungen.

freien Säure wird gewöhnlich 0,2—0,8% berechnet als SO_2 betragen, die Höchst- menge, die festgestellt wurde, war 1,32% SO_2[3]).

Um die Wirkung solcher Säuremengen auf die Viskositätsbestimmung zu ermit- teln, wurde eine neutrale 15%ige Leimlösung mit steigenden Mengen von SO_2 bzw. Schwefelsäure entsprechend dem Gebiet obiger Konzentrationen versetzt und jeweils die Ausflußzeit gemessen (s. Abb. 24). Anscheinend liegt das Gebiet des Viskositätsmaximums bei dieser Glutinkonzentration erst bei höheren Säurezusätzen.

[1]) Nach eigenen Versuchen.
[2]) R. H. Bogue, J. Am. Chem. Soc. **44**, 1343 (1922).
[3]) A. Gutbier, E. Sauer u. H. Brintzinger, Koll. Ztschr. **29**, 130 (1921).

P. v. Schröder[1]) und andere Forscher haben den Einfluß von Salzen auf die Viskosität untersucht und festgestellt, daß die meisten eine Erhöhung der inneren Reibung herbeiführen. Ordnet man die Ionen nach ihrer diesbezüglichen Wirksamkeit, so gilt für Anionen $SO_4'' > Cl' > NO_3'$, für Kationen: $Mg'' > Na' >$ Li' $> NH_4' > K'$, eine Reihenfolge, wie sie F. Hofmeister[2]) schon bei seinen Quellungsversuchen auffand.

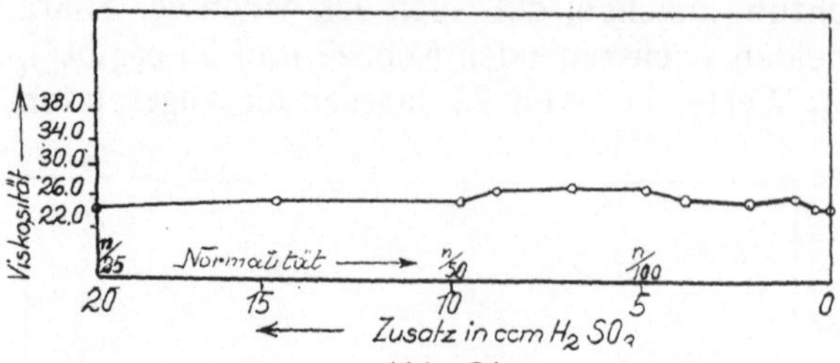

Abb. 24.

Viskositätsänderung von 15%iger Leimlösung bei Zusatz von SO_2.

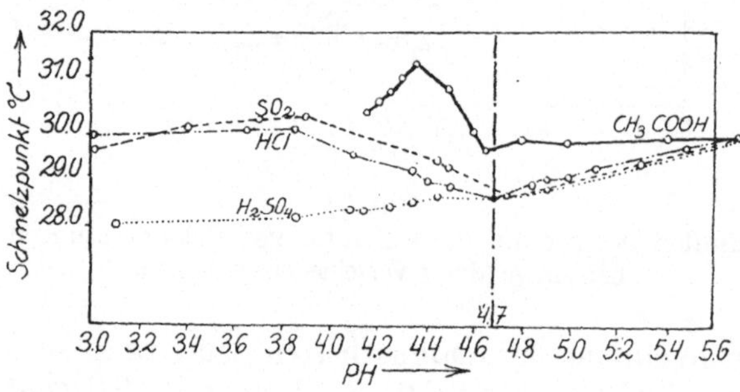

Abb. 25.

pH und Schmelzpunkt von Gelatinegallerte bei Anwendung verschiedener Säuren.

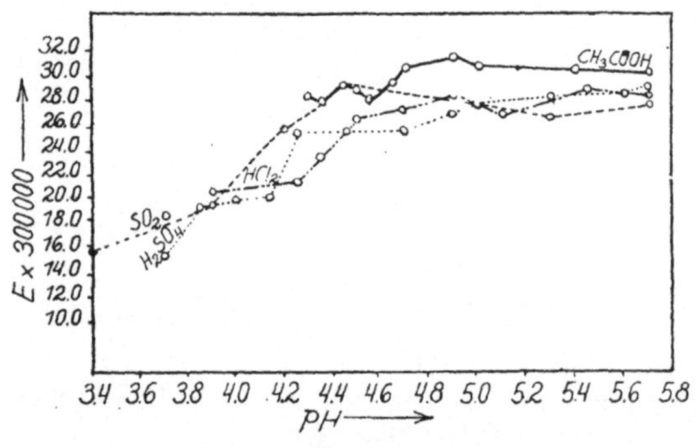

Abb. 26.

pH und Elastizitätsmodul von Gelatinegallerte bei Anwendung verschiedener Säuren.

Von praktischem Interesse ist das Verhalten der Viskosität gegenüber von Glutin-Alaunlösungen, da der Alaun als Klärmittel für Leim benutzt wird und aus diesem Grunde im Leim in etwas höherer Konzentration vorhanden sein kann; Chlorkalzium entsteht beim Neutralisieren des Kalziumhydroxyds mit Salzsäure und läßt sich aus dem Rohmaterial nicht völlig auswaschen. Dann wird Zinksulfat als Konservierungsmittel in nicht unwesentlichen Mengen dem Lederleim zugesetzt, man muß also auch auf dessen Anwesenheit rechnen. Von den letztgenannten Elektrolyten wurde das Verhalten des Alauns näher geprüft[3]). Bei niederen Temperaturen tritt eine außerordentliche Steigerung der Viskosität ein, diese kann so weit gehen, daß die Leimlösungen zu einer Gallerte erstarren. Bei Temperaturen über 60° dagegen geht die Viskosität zurück, schließlich fällt ein Niederschlag aus, ein Verhalten, von welchem bei der Klärung des Leims Gebrauch gemacht wird. Im allgemeinen können jedoch die hier eintretenden Vorgänge nicht mit den sonst bei Neutralsalzen beobachteten verglichen werden, da der Kalialaun in Lösung der hydrolytischen Spaltung unterliegt und in der Flüssigkeit neben H' auch Aluminiumhydroxyd, und zwar in kolloider Form vorliegt, welch letzteres Glutin chemisch oder durch Adsorption bindet[4]).

[1]) P. v. Schröder, Ztschr. f. phys. Chem. **45**, 75 (1903).
[2]) F. Hofmeister, loc. cit.
[3]) A. Gutbier, E. Sauer und F. Schelling, Kolloid-Ztschr. **30**, 376 (1922).
[4]) Desgl.

Bezüglich der Wirkung von Ionen auf den Schmelzpunkt der Gallerte sei noch erwähnt, daß dieser ebenfalls beim isoelektrischen Punkt des Glutins ein Minimum aufweist[1] (Abb. 25).

Einwirkung von Elektrolyten auf Schmelzpunkt und Gallertfestigkeit.

Dagegen zeigt sich ein solcher Zusammenhang bei dem Elastizitätsmodul (Gallertfestigkeit) nicht[2] (s. Abb. 26); ganz ähnliche Ergebnisse findet übrigens auch Gerngroß[3]. Die von Bogue[4] geäußerte Meinung, daß der Schmelzpunkt eine Funktion der Gallertfestigkeit ist, kann daher kaum zutreffen.

Gleichzeitige Einwirkung von Neutralsalzen und Säuren führen nicht zu einer Summierung der Eigenschaften beider gegenüber der Glutinsubstanz, vielmehr wird z. B. die Quellung stark rückläufig beeinflußt. Ein näheres Eingehen auf diese verwickelten Vorgänge, die besonders für die Gerberei von Bedeutung sind, würde den Rahmen dieser Arbeit überschreiten.

IV. Die Fabrikation des Lederleims.

Die Vorbehandlung der Rohstoffe.

Der Lederleim ist weitaus das älteste der Glutinpräparate, deren Darstellung fabrikmäßig betrieben wird, deshalb soll diese hier an erster Stelle behandelt werden.

Die Vorbehandlung der Rohstoffe besteht in einer Verlängerung des in den meisten Fällen vom Gerber bereits eingeleiteten Äscherprozesses. Nach seiner rein äußerlichen Beschaffenheit unterscheidet man getrocknetes und nasses Rohmaterial. Früher bestand die Ansicht, nur aus vorgetrocknetem Material einen brauchbaren Leim gewinnen zu können. Das feuchte, mit Kalkmilch behandelte Leimleder wurde meist schon vom Gerber auf luftigen Böden unter häufigem Wenden getrocknet und ging dann als Trockenware an die Leimfabriken. Dort wurde und wird auch heute noch diese Ware in Äschern in mit Ätzkalk angeschärftem Wasser eingeweicht, nach einigen Tagen herausgenommen und noch mehrmals bis zur völligen Durchquellung mit kräftigen Zusätzen von Kalkmilch mehrere Wochen lang eingeäschert. Der Erfolg ist der, daß fast alles in den Hautstücken befindliche Fett verseift wird. Es entstehen unlösliche Kalkseifen, Schleimschichten werden gelöst, Haare gelockert, bei weitergehender Äscherung, vor allem im Sommer, aber auch das Kollagen merklich angegriffen und die Leimausbeute allmählich vermindert.

Die gleiche Vorbehandlung erfährt auch die große Zahl der für die Leimgewinnung außerdem in Betracht kommenden Rohmaterialien, wie alaun- und fettgare Lederabfälle, Webervögel, getrocknete Sehnen, Suronen, Transparentlederabfälle, Rohhautstanzabfälle usw. Abfälle von vegetabilisch gegerbtem Leder kommen heute als Lederleimrohmaterial größeren Stils leider noch nicht in Betracht, dagegen gewinnen die Chromlederabfälle, deren Entgerbung und Vorbereitung für den Siedeprozeß gerade dem Kolloidchemiker die interessantesten Fragen stellen, von Jahr zu Jahr erhöhte Bedeutung.

Die heute in Inlandsgerbereien und Schlachthäusern anfallenden Leimledermengen, die zahlenmäßig das bei weitem wichtigste Rohmaterial für die Hautleimgewinnung darstellen, werden dagegen fast ausschließlich ohne eingeschaltete

---

[1] Nach nicht veröffentlichten Versuchen von E. Sauer und Palmhert (1924).
[2] Desgl.
[3] O. Gerngroß, Kolloid-Ztschr. **40**, 279 (1926).
[4] R. H. Bogue, Chem. Met. Eng. **23**, 64, 105 (1920).

Trocknung in feuchtem Zustand weiterverarbeitet. Soweit es sich um rohe, gesalzene Schlachthaus- oder um rohe, ungekälkte Gerbereiabfälle handelt, ist eine nachträgliche Äscherung unter reichlichem Aufwand von Ätzkalk auch heute noch unumgänglich notwendig, während die in den Gerbereien von der bereits gekälkten bzw. mit Kalk und Schwefelnatrium behandelten Haut mit der Hand oder Maschine abgestoßenen Hautstücke fast stets bei sachgemäßer Weiterverarbeitung einer Nachbehandlung entbehren könnten.

Unterschiede zwischen Leim aus getrocknetem und feuchtem Material. Es ist nicht zu leugnen, daß der aus getrocknetem Material (dem sog. Rohleim) hergestellte Leim sich in manchen Fällen durch ganz besonders hohe Zähflüssigkeit und Bindekraft auszeichnet. Relative Viskositäten von 5—7 (nach Fels) sind hier häufig anzutreffen. Der Leim selbst ist klar, durch die Vorbehandlung weitgehend befreit von trübenden, die Viskosität und Bindekraft ungünstig beeinflussenden Eiweißkörpern, die außerdem noch eine starke Neigung zu Fäulnis besitzen.

Lange nicht unter so günstigen Verhältnissen arbeiten dagegen alle die Fabriken, die von Hafenplätzen weit entfernt fast ausschließlich auf inländisches Material angewiesen sind, das, wie wir einleitend bemerkten, zu erheblichen Teilen heutigen Tages nicht aus reinem Blößenmaterial besteht, sondern zu einem großen Prozentsatz aus dem sog. Maschinenfleisch. Irgendwelche geringwertige Materialien aber zu äschern verbietet gegenwärtig die Lohnfrage und man begnügt sich entweder mit einem sog. Aufsetzen des nassen Leimleders mit Kalk zwecks Fettverseifung und einer Art Äscherwirkung oder aber man verwendet das Rohmaterial direkt in dem Zustand, wie es die Gerbereien liefern. Der Hauptvorteil bei der Verarbeitung von frisch angefallenem Rohmaterial besteht in der sehr weitgehenden Erfassung des Hautfettes, und zwar größtenteils in Form von neutralem Abschöpffett, das bei seiner leichten Raffinationsmöglichkeit und seiner hellen Farbe in der Seifenfabrikation an Stelle des Talges sehr bereitwillige Aufnahme findet.

Das Waschen und Entkalken des Leimleders. Das Waschen erfolgt in Waschholländern, und zwar meist bei ständigem Wasserzu- und -abfluß. Dabei spielt die richtige Wahl der Siebblechlochung eine erhebliche Rolle, vor allem bei der Verarbeitung von feinfaserigem Maschinenfleisch, da es sich hierbei um die Zurückhaltung oder den Verlust nicht unbeträchtlicher Fett- und Hautsubstanzmengen handelt. Bei einem starken Neutralfettgehalt des Leimleders beobachtet man ein starkes Schmieren, und Lochweiten unter 4 mm sind fast unmöglich, da sich die Löcher sehr rasch durch eingedrungene Fetteilchen verlegen. Das Gegebene ist hier eine Nachfiltration des abfließenden trüben Wassers: Im Waschgeschirr also weite Siebe, die sich leicht durch einen starken Wasserstrahl reinigen lassen und in die Abwasserleitung eingebaut ein Drehfeinfilter, das aus dem abfließenden Schmutzwasserstrom noch die mitgerissenen feinen Haut- und Fettkalkteilchen entfernt und automatisch austrägt.

Das Verhalten des Hautmaterials beim Waschprozeß. Liegt ein durch Ätzkalk und Schwefelnatrium stark gequollenes Material vor, so beobachtet man bei niedrigem Wasserfluß eine verhältnismäßig rasche Entfernung der oberflächlich anhaftenden Mengen der Äscherchemikalien, während das aus dem Innern nachdiffundierende Alkali begreiflicherweise je nach der Dicke des Hautstückes einer längeren Zeitspanne bedarf. Stehen genügende Waschholländer zur Verfügung und hält das Rohmaterial nicht gar zu hartnäckig seinen Kalk zurück, so wäscht man vorteilhaft ohne Säurezusatz bis zur völligen Neutralität des Hautmaterials weiter. Je nachdem sind dazu 24—48 und mehr Stunden nötig. Da nun mit dem Alkali fortwährend gelöste Eiweißsubstanz aus dem Rohstoff auswandert, so haben wir es hier vor allem bei länger ausgedehntem Waschen mit einer nicht zu unterschätzenden Nachextraktion von für die Leimgewinnung schädlichen Eiweißsubstanzen zu tun.

Mit fortschreitender Entkalkung tritt eine Entquellung der Hautsubstanz ein, sie wird schlaff und verfällt. Durch Zusatz von Mineralsäure kann die Erreichung dieses Zustands beschleunigt werden, wenn durch genaue Kontrolle der Alkalitätsverhältnisse dafür gesorgt wird, daß kein bleibender Überschuß an Säure verwendet wird. Überschüssige Säure quellt bekanntlich ihrerseits wieder die Hautsubstanz und an der starken Trübung des ablaufenden Wassers sowie an der glasigen Beschaffenheit gewisser Hautpartien erkennt man leicht den Eintritt der Übersäuerung, die mit Substanzverlust, vor allem bei gut vorgekalktem Rohmaterial, Hand in Hand geht.

Zur technischen Kontrolle der Alkalikonzentration im Waschgeschirr haben sich neben dem schon lange gebräuchlichen Lackmus- und Curcumapapier besonders bewährt die Merckschen Farbindikatoren zur Feststellung der H-Ionenkonzentration. Beispiel: Ein gewisses Leimleder wird bis zum Umschlagspunkt von Thymolblau ($p_H = 8,0—9,6$) gewaschen. (Es genügt hier das abfließende Waschwasser zu prüfen, im Gegensatz zur Gelatinefabrikation, bei der exakter Weise Materialschüttelproben vorzunehmen sind.) Sodann gibt man bei abgestelltem Wasserfluß soviel Salzsäure zu dem bewegten Rohmaterial, daß nach 3 Stunden die eben gelbe Farbe von Bromthymolblau ($p_H = 6,0—7,6$) noch bestehen bleibt. Nun erfolgt ein mehrstündiges Nachwaschen zur Entfernung des geringen oberflächlichen Säureüberschusses, sowie des bei Neutralisation entstehenden Chlorkalzium.

Zweckmäßigerweise kontrolliert man die praktisch vollständige Entfernung des Chlorions durch Prüfung des ablaufenden Wassers mit Silbernitrat. Bei gut vorbehandeltem hochwertigem Rohmaterial genügt meist eine einfache Neutralstellung auf Kresolrotumschlag ($p_H = 7,2—8,8$) oder auch ein längeres Waschen mit reinem Wasser, da man hier bei den geöffneten Poren des Materials nicht mit einem so langsamen Ausdringen des Alkalis zu rechnen hat, wie bei gewissen frischen und meist auch stark mit Schwefelnatrium imprägnierten sog. Maschinenlederabfällen.

Der Nachteil einer starken Rohmaterialsäuerung ist erwiesen. Abgesehen von dem bei starker Übersäuerung eintretenden Substanzverlust erhält man leicht einen Leim von dunkler (rotbrauner) Farbe, der bei HCl-Säuerung und mangelhaftem Auswaschen schlecht trocknet, also hygroskopische Eigenschaften besitzt (Chlorkalziumgehalt), bei H_2SO_4-Säuerung dagegen Gips enthält, der sich unter Umständen im Vakuumapparat durch Krustenbildung unliebsam bemerkbar macht und auch zur Auswitterung und einer rauhen Oberfläche der getrockneten Tafel führen kann.

Die unangenehmste Eigenschaft aber besteht in der stark erhöhten Fäulnisfähigkeit des Leims, vor allem wenn mit Salzsäure gesäuert wurde. Dies rührt einerseits her von der Fällung der kalklöslichen Eiweißstoffe durch die Säure innerhalb des Materials, die dann beim Kochprozeß die Abzüge trüben, dem Leim bei Nichtentfernung eine verdächtig schmutzige Farbe erteilen und bei ihrer leichten Zersetzlichkeit durch Alkali einen geeigneten Nährboden für Bakterien bilden. Andererseits werden die zur Haltbarmachung des Leims während des Trocken- und späteren Verarbeitungsvorgangs zugesetzten Stoffe in ihren konservierenden Eigenschaften durch die Gegenwart vor allem von Elektrolyten in der Regel sehr ungünstig beeinflußt.

Der Siedeprozeß.

| Das alte Verfahren. | Ein kurzer Rückblick auf das alte, heute nur noch in handwerksmäßigen Betrieben anzutreffende Verfahren |

sei hier vorausgeschickt.

Verwendung findet nur ein stark vorgekälktes, weiches Leimleder, das nach dem Waschen mit Wasser ohne Säurezusatz zunächst in Handpressen möglichst stark ausgepreßt wird, so dann wieder für ca. 12—15 Stunden in dünner Schicht und unter öfterem Wenden auf luftigen Böden ausgebreitet wird, um den aus dem Innern der Stücke noch allmählich heraustretenden Ätzkalk in kohlensauren Kalk zu verwandeln.

Das meist immer noch leicht alkalische Material wird sodann in den Siedekessel gebracht und dort durch direkte Feuerung oder indirekten Dampf zum Schmelzen gebracht, wobei stets das sog. Leimwasser des vorhergehenden Sudes mitbenützt wird, d. h. die nach dem Abpressen des Kochrückstandes durch nochmaliges Kochen mit Wasser unter Mitbenützung von Ätzkalk erhaltene Lösung. Man erhält eine ca. 15%ige Lösung, die durch Filtertücher abgelassen, direkt ohne weitere Eindickung zum Erstarren gebracht wird und nach dem Zerschneiden der Gallertblöcke meist an freier Luft getrocknet wird.

Der beim Kochen des Leimwassers zugesetzte Ätzkalk hat den Zweck, die widerstandsfähigeren leimgebenden Substanzen vollends in Lösung zu bringen und außerdem eine Klärung der zunächst trüben Brühe zu erreichen. Bei Zusatz von Kalkmilch beobachtet man nämlich schon nach sehr kurzem Aufkochen ein rasches Blankwerden der Lösung und ein Absinken feinflockiger Massen. Gerade dieses stark alkalische, an Abbaustoffen reiche Leimwasser ist der Punkt, an dem dieses älteste Verfahren am meisten krankt. Der Leim besitzt trotz des meist verwendeten hochwertigen Rohmaterials keine besondere Zähflüssigkeit (meist nicht über 2,5 relative Viskosität nach Fels), ist spröde, reagiert alkalisch und besitzt stark hygroskopische Eigenschaften. Für Buchbindereizwecke wird dieser Leim trotz seiner mäßigen Ausgiebigkeit wegen seines guten Klebvermögens, d. h. seines langsamen Gelatinierens, auch heute noch da und dort gerne verwendet.

Im Großbetrieb sind derartige Arbeiten, wie Abpressen des Rohmaterials vor dem Verkochen, Antrocknen sowie ein Pressen der Rückstände zum Zwecke der völligen Entleimung nicht mehr am Platze. Man arbeitet durchweg mit viel dünneren Lösungen, die nachher im Vakuumverdampfapparat wieder beliebig eingedampft werden können.

| Neue Gesichtspunkte beim Siedeprozeß. | Zur Erzeugung eines möglichst hochviskosen, d. h. an Abbauprodukten möglichst armen Leimes ist weitgehende Anstrebung einer neutralen Reaktion |

beim Siedeprozeß die erste Vorbedingung. Langes und sauberes Vorwaschen des Rohmaterials ist dafür die beste Grundlage. Das Verkochen erfolgt ganz allgemein in offenen Kesseln, und zwar sowohl mit indirekter als auch mit direkter Dampfbeheizung. So brutal ein Verkochen mit direkt eingeblasenem Dampf klingen mag, so notwendig erscheint dieses Verfahren doch in allen den Fällen, in denen noch verhältnismäßig hartes, kurz oder gar nicht nachgeäschertes und unaufgeschlossenes Rohmaterial zur Anwendung gelangt. Abgesehen von den öfters stark getrübten Brühen, deren mögliche Filtration jedoch heute dieses Verfahren nicht mehr in Frage stellt, erhält man in kurzer Zeit, unterstützt durch die mechanische Rührtägigkeit des einströmenden Dampfes, einen gleichmäßig erhitzten Kesselinhalt. Überläßt man vor dem Ablassen der Brühe die einzelnen Abzüge, von denen 5—6 hergestellt werden, noch einige Zeit der Ruhe, so daß sich bei abgestelltem Dampf der feste und suspendierende Inhalt genügend absetzen und das Material noch nachschmelzen kann, so erhält man Brühen von genügender Klarheit und je nachdem mit einem Gehalt an 6—11% Trockensubstanz. Durch die direkte Kochung tritt gleichzeitig eine gründliche Sterilisation des Kesselinhalts ein, was vor allem bei reichlicher Verwendung rohen Leimleders von größter Bedeutung ist. Gewisse, meist geringwertige Leimledersorten halten nun häufig mit besonderer Hartnäckigkeit Alkali in ihren stärkeren Teilen zurück, so daß bei ihrer Verkochung in manchen Fällen doch noch Alkalitätsgrade sich einstellen, die, wenn unbeachtet, unbedingt einen niedrig viskosen Leim ergeben müssen. Starke Mineralsäuren zur heißen Leimbrühe zuzusetzen, empfiehlt sich aus naheliegenden Gründen nicht, dagegen ist Phosphorsäure weniger bedenklich, da hierbei der Kalk in unlöslicher Form niedergeschlagen wird.

Von schwachen Säuren sind Kohlensäure und schweflige Säure als Neutralisationsmittel ebenfalls erprobt worden. Man bläst die Gase direkt aus der Bombe durch Siebröhren in den Kochkessel ein. Die Kohlensäure erscheint auf den ersten Blick am bestechendsten und doch ist sie es nicht, da sie sich in der heißen Leimlösung nur spurenweise löst und größtenteils ungebunden auf der Oberfläche entweicht. Bessere Erfolge erzielt man mit Schwefeldioxyd, da hier die Löslichkeit eine günstigere ist, als bei Kohlendioxyd und eine saubere Neutralisation in kurzer Zeit erreicht wird. Gleichzeitig tritt eine schwache Bleichung ein, die aber erst bei deutlich saurer Reaktion des Leims merklich wird, ein Umstand, der im Gegensatz zur Knochenleimfabrikation dieses Gas zur Lederleimbleichung als völlig ungeeignet erscheinen läßt.

Weit größerer Beliebtheit, weil einfacher und rascher in der Handhabung, erfreuen sich gewisse, leicht sauer reagierende Lösungen ergebende Salze, die sich mit dem Ätzkalk sofort unter Übergang in die Hydroxyde umsetzen, und zwar sind es in erster Linie **Alaun** bzw. **Aluminiumsulfat** und **Zinkvitriol**. Besonders letzterer hat sich infolge seiner neutralisierenden, stark konservierenden und flockenden Eigenschaften im weitesten Umfange in der Leimfabrikation seit ca. 30 Jahren eingebürgert. Es ist nicht zu viel gesagt, daß manche Leimfabrik trotz bester technischer Einrichtungen infolge häufiger Fehlsude zu keinem Erfolg durchdringen konnte, weil sie die Anwendung des Zinkvitriols nicht kannte; manche Leimfabrik könnte auch heute ihren Betrieb schließen, wenn ihr die Zufuhr des Zinkvitriols unterbunden würde. Durch gleichzeitigen Zusatz von einer chemisch äquivalenten Menge Baryumkarbonat, das sich mit dem durch die Neutralisation gebildeten Kalziumsulfat trotz seiner geringen Löslichkeit in der durch direkten Dampf bewegten Flüssigkeit bereitwillig und quantitativ in Baryumsulfat und Kalziumkarbonat umsetzt, kann man den Aschegehalt weitgehend erniedrigen. Ein Umstand, der uns auch von seiten des mit Schwefelsäure arbeitenden Gelatinefabrikanten der Beachtung wert scheint, da ein geringer Aschegehalt bei der Gelatine noch ungleich wichtiger ist, als bei dem nur als Klebmittel in Betracht kommenden Lederleim.

Es hat sich schließlich gezeigt, daß die Verwendung von Zinksulfat auch nicht ohne Bedeutung für die Bleichmöglichkeit eines Leimes ist. Man beobachtet beim Zusetzen des Salzes zum heißen Kesselinhalt das Auftreten einer milchigen Trübung, wohl eine, durch das entstehende Zinkhydroxyd hervorgerufene Eiweißflockung. Diese Flockung besitzt eine erhebliche Adsorptionskraft für gewisse färbende Substanzen im Leim, denn man erhält hier nach sachgemäßer Filtration ein der reduzierenden Bleichung sehr zugängliches Leimerzeugnis.

| **Sieden mit indirektem Dampf.** | Bei hochwertigem Rohmaterial, das längere Zeit gekalkt wurde, lassen sich sehr schöne Erfolge |

auch mit indirektem Dampf erzielen. Es ist dabei nötig, den Siedeprozeß genügend lange auszudehnen, um keine Verluste an Rohstoff zu erleiden. Zum mindesten die ersten Abzüge müssen bei Temperaturen unter 100° C entnommen werden. Man erhält dabei ziemlich verdünnte, dagegen schön klare Brühen.

Ein Verfahren, bei welchem mit indirektem Dampf die Leimbrühen schon vom ersten Abzug an zum Sieden erhitzt werden, ist unbedingt verwerflich, da es zu einer geringwertigen Qualität führt, es hatte früher eine gewisse Berechtigung, als man ohne Gebrauch des Vakuumverdampfers direkt beim Aussieden höher konzentrierte Brühen gewinnen mußte.

| **Klärung und Filtration.** | Wie vorstehend besprochen, war früher die Verwendung eines durch Ätzkalk stark abgebauten Leimwassers das |

übliche Mittel, um zu blankeren Leimbrühen zu gelangen. Heute kommt dieses

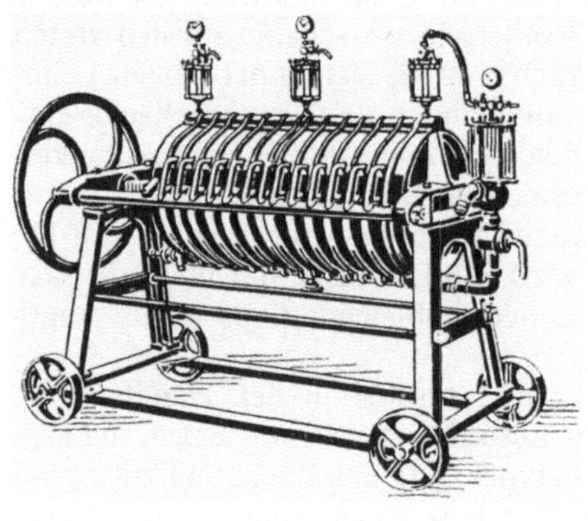

Abb. 27.
Filterpresse für Leim und Gelatine.

Verfahren nicht mehr in Frage. Will man schon von vornherein blanke Abzüge erhalten, so kocht man mit reinem Wasser aus, arbeitet mit dünnen Brühen bei indirekter Kochung und kann bei vorsichtigem Ablassen eine Nachfiltration der Abzüge umgehen.

Kocht man aber mit direktem Dampf, so muß man eine chemische Klärung bzw. eine Feinfiltration vornehmen. Die chemische Klärung beruht auf einer Flockenbildung, die alle Verunreinigungen umhüllt und mitreißt. Sie empfiehlt sich jedoch mehr bei Knochenleim (s. S. 44).

Auch durch Filtrieren erhält man völlig klare Lösungen, die Farbe wird reiner, jedoch nicht so hell wie beim Klären, da natürlich lösliche Farbstoffe nicht entfernt werden können.

Die Filtervorrichtungen entsprechen in ihrer Konstruktion den bekannten Filterpressen, anstelle der Filtertücher treten jedoch dicke Filterplatten, die in einer besonderen Presse aus aufgeschlemmter Zellulose-, Baumwoll- und Asbestfaser hergestellt werden, so daß eine schnelle Auswechslung erfolgen kann (s. Abb. 27).

Bewährte Leim- und Gelatinefilterpressen werden hergestellt von R. Haag, Stuttgart, Unionfilterwerke Mannheim u. a.

Die Filtration beeinträchtigt natürlich die Qualität des Leims in keiner Weise, vielmehr bedeutet sie in mehrfacher Hinsicht eine Verbesserung derselben.

Die Beständigkeit gegen Fäulnis wird wesentlich erhöht, beispielsweise zeigte eine filtrierte Leimlösung erst nach 4 Tagen beginnende Zersetzungserscheinungen, während die gleiche unfiltrierte Lösung nach dieser Zeit schon völlig in Fäulnis übergegangen war[1]).

Weiterhin wird der Fettgehalt, wenn ein solcher vorhanden ist, wesentlich verringert; Fettsäuren werden hier meist als Kalkseifen in Form feiner Flocken vorliegen, die vom Filter zurückgehalten werden, unverseiftes Fett wird anscheinend von der Filterfaser adsorbiert.

---

[1]) E. Sauer, Kunstdünger- und Leimindustrie **21**, 295 (1924).

Die unmittelbare Folge des Filtrierens ist häufig ein verstärktes Schäumen des Filtrats, was vor allem beim Eindampfen zu Störungen und Verlusten führen kann. Da nun die Schaumfähigkeit auch dem fertigen Leim zu einem erheblichen Grade erhalten bleibt, so nimmt man seine Zuflucht wieder zur leichten Fettung der filtrierten Leimlösung vor dem Eindampfen und erzielt dabei schon mit recht geringen Mengen Neutralfett einen vollen Erfolg. Raffiniertes, leicht emulgierendes Leimfett dämpft den Schaum ausgezeichnet, während z. B. Mineralöl völlig ungeeignet ist. Die Neigung des Filtrats zum Schäumen ist nicht immer gleich groß. Ein stark alkalischer, also kalziumhydroxydhaltiger Leim schäumt nach der Filtration sehr stark. Ein weitgehend elektrolytfreier, neutraler, von Muzinen und Abbaustoffen freier

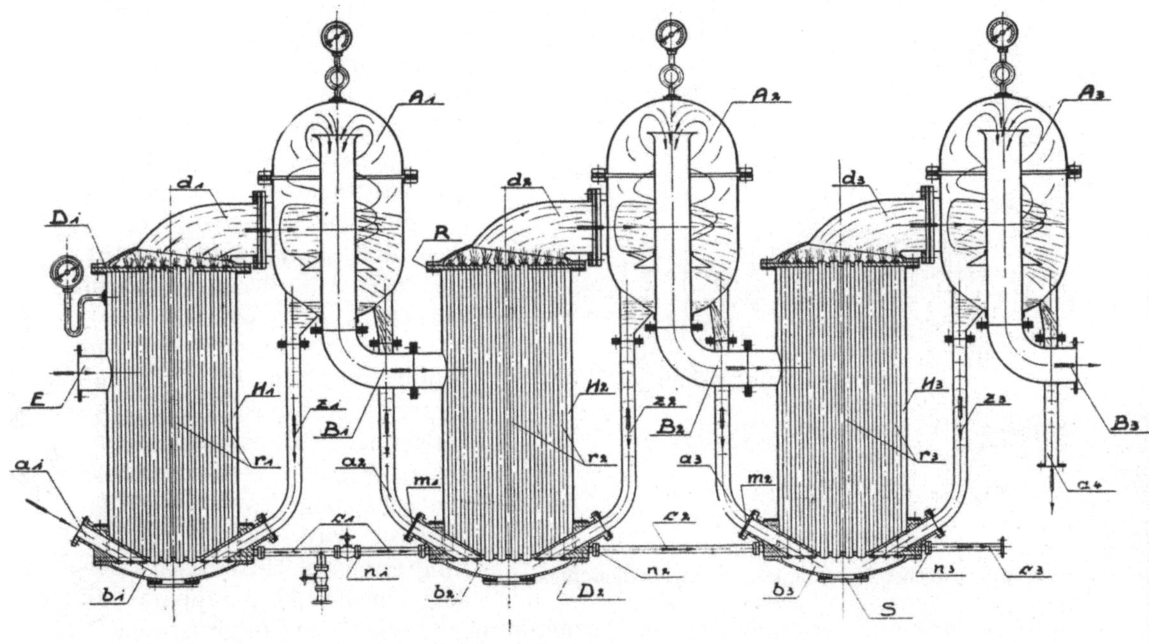

Abb. 28.
Dreikörper-Vakuumverdampfer für Leimlösungen von W. Wiegand, Merseburg.

Leim hat auch nach der Filtration nur wenig Neigung zur Bildung eines starken und haltbaren Schaums. Fettfrei ist praktisch kein Leim und häufig verdanken gerade die aus handwerksmäßigen Betrieben stammenden Leime, die im Ruf besonders geringen Schäumens stehen, diese Eigenschaft ihrem hohen Fettgehalt (0,5 % Fett sind keine Seltenheiten).

Es sei bemerkt, daß ein Leim sehr fetthaltig sein kann, ohne daß die gelegentlich als Merkmal angeführten Fettaugen auftreten. Leimfett emulgiert sich nämlich beim Eindampfen sehr schnell und gründlich mit der konzentrierten Leimlösung. Wo Fettaugen bemerkbar sind, handelt es sich meist um grobe Verunreinigungen des Leims durch Fettkalkbrocken, die Neutralfett eingeschlossen enthalten. Nichtschäumen eines Leims ist also noch kein Merkmal für seine besondere Reinheit, starker Schaum dagegen kann immer als verdächtiges Zeichen angesehen werden.

Zur mechanischen Abscheidung von Verunreinigungen aus der Leimlösung wird neuerdings auch die Zentrifuge vorgeschlagen, doch muß ihre Bewährung einstweilen noch abgewartet werden[1]).

[1]) L. Thiele, Leim und Gelatine., 2. Aufl, 60.

Das Eindampfen. Vor der eigentlichen Trocknung wird der verdünnten, ca. 10 %igen Leimbrühe ein Teil des Wassers durch Eindampfen entzogen.

In besser eingerichteten Betrieben findet man heute nur noch die Vakuumverdampfer, und zwar meist in Form des Mehrkörperapparats.

Entsprechend der Eigenart der Leimlösung muß der Verdampfer folgende Bedingungen erfüllen: Niedere Heiztemperatur, kurze Eindampfzeit und Unterdrückung der Schaumbildung.

Niedere Temperatur wird durch Anwendung des Vakuums erreicht. Die Leimbrühe muß kontinuierlich zu- und abfließen und möglichst bei einmaligem Durchgang auf die gewünschte Konzentration gebracht werden. Je kleiner der Fassungsraum des Apparats im Verhältnis zur Heizfläche ist, desto kürzere Zeit verweilt die Leimlösung im Innern desselben, um so kürzer ist also auch die Erhitzungsdauer.

Speziell für die Leimfabrikation haben sich bewährt die Verdampfer von Wiegand, Kestner und Seyffert-Greiner, die obigen Anforderungen gerecht werden (s. Abb. 28).

Das Arbeiten mit Vakuum bedingt an sich keine Dampfersparnis, erst durch die Wiederverwendung des Brüdendampfes aus dem ersten Verdampfkörper zur Beheizung des zweiten Körpers usw. wird eine Wärmeersparung erreicht. Theoretisch erfordert ein Zweikörperapparat die Hälfte, ein Dreikörper ein Drittel der Heizdampfmenge, wie sie im Einkörperapparat nötig wäre, außerdem sind natürlich die entsprechenden Wärmeverluste in Rechnung zu setzen.

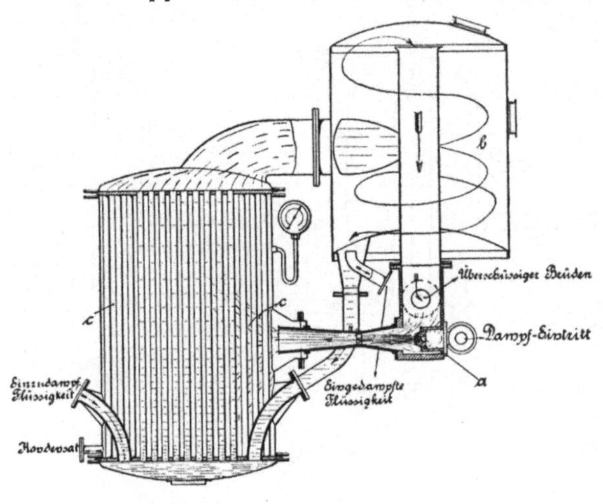

Abb. 29.
Wiegandscher Verdampfer mit Brüdenkompressor.

Der Mehrkörperverdampfer benötigt eine wesentlich größere Heizfläche, da das Temperaturgefälle zwischen Heizfläche und einzudampfender Flüssigkeit mit steigender Zahl der Verdampfkörper immer kleiner wird.

Eine weitere Ersparnis an Dampf kann durch Anwendung des Prinzips der „Wärmepumpe" erreicht werden. Man komprimiert den Brüdendampf, bringt ihn dadurch wieder auf höheren Druck und höhere Temperatur und kann ihn zur Eindampfung der Lösung verwenden, welcher er entstammt.

In sehr einfacher Weise ist dieses Verfahren z. B. bei dem in der Leimfabrikation wohl am meisten in Gebrauch befindlichen Wiegandschen Verdampfer verwirklicht (s. Abb. 29). Ein Injektor, der mit Dampf von mindestens 2 Atm. Druck gespeist wird, saugt einen Teil des Brüdendampfs an, komprimiert ihn und führt das Gemisch aus Frischdampf und Brüdendampf dem ersten Heizkörper des Verdampfers zu.

Man dampft die Leimbrühe im allgemeinen nur so weit ein, daß noch eine zum Schneiden hinreichend feste Gallerte erzielt wird (25—35 %). Die konzentrierte Leimlösung sammelt man bis zur Weiterverarbeitung in großen Bottichen.

Das Konservieren und Bleichen des Leims.

Kein Leim kommt völlig steril aus dem Verdampfer, wenn auch zuzugeben ist, daß je nach Vorbehandlung, Verkochung, Filtration oder Klärung die Neigung zur Zersetzung eine sehr verschiedene ist. Wird der eingedampfte Leim sofort zu Flockenleim weiterverarbeitet, so erscheint eine besondere Haltbarmachung entbehrlich. Auch steht fest, daß Lederleim, wenn einmal getrocknet, wieder in Lösung gebracht, beträchtlich weniger zur Zersetzung neigt, als vor dem Trocknen.

Da jedoch die verarbeitende Industrie häufig auch unter den ungünstigsten Verhältnissen sehr hohe Ansprüche an die Haltbarkeit des Lederleims stellt, so empfiehlt es sich, grundsätzlich jeden Leim in eine Form zu bringen, in der er sowohl den sich auf der Oberfläche der Gallerte betätigenden Verflüssigungsbakterien als auch den sich bei Brutschranktemperaturen im flüssigen Leim entwickelnden Fäulnisbakterien größtmöglichen Widerstand entgegensetzt.

Wie schwierig eine derartige wirtschaftliche Konservierung des Lederleims ist, weiß jeder Fachmann. Die Verhältnisse liegen beim Lederleim insofern ungünstiger, als beim sauren Knochenleim, da die Fäulnisbakterien gerade die neutrale bzw. leicht alkalische Reaktion des Lederleims bevorzugen.

Konservierungsmittel sind in großer Zahl bekannt; empfohlen werden schweflige Säure, Borsäure, Salizylsäure, Formaldehyd, Quecksilberchlorid, Zinksulfat, Phenol, Beta-Naphthol usw.

Wirklich brauchbar sind nur wenige der Mittel dieser Art, einzelne besitzen überhaupt eine ungenügende Wirkung, andere konservieren zwar gut, sind jedoch störender Eigenschaften wegen nicht anwendbar: Formaldehyd z. B. macht den Leim unlöslich im Wasser, Beta-Naphthol gibt zu Verfärbungen Anlaß, Phenol besitzt einen zu starken Geruch.

Als sehr brauchbar hat sich das p-Chlor-m-kresol erwiesen; es ist jedoch in Wasser unlöslich und muß in Natronlauge gelöst werden. Die Anwesenheit von Alkali beeinträchtigt merklich die konservierende Wirkung; aus diesem Grunde wendet man besser ein lösliches Salz der genannten Verbindung an, wie es z. B. im Grotan[1]) vorliegt.

Grotan löst sich etwa in 20—30 Teilen heißen Wassers, andererseits kann es auch, ähnlich wie Phenol, durch Zusatz geringer Wassermengen verflüssigt werden (Lösung von Wasser in Grotan).

Zu beachten ist auch, daß Grotan mit Wasserdampf, z. B. im Verdampfer, flüchtig ist. Aus diesem Grunde ist die kombinierte Anwendung mit einem andern Konservierungsmittel zweckmäßig.

Beispielsweise kann man den frisch hergestellten Leimabzügen zur Vorkonservierung sogleich Zinksulfat zusetzen, nach dem Eindampfen erfolgt die eigentliche Konservierung mit Grotan. Wichtig ist dabei, daß bei Zusatz des Grotans noch keinerlei Zersetzungsvorgänge der Leimsubstanz begonnen haben, da sonst unter Umständen auch eine chemische Veränderung des Grotans selbst erfolgt.

Werden diese Bedingungen eingehalten, so ist die Leimgallerte beinahe unbegrenzt haltbar.

Eine Reaktion zwischen Zinksulfat und Grotan in so geringer Konzentration findet bei Anwesenheit von Leim nicht statt.

Über die Anwendung von schwefliger Säure siehe Knochenleim (S. 44).

Nunmehr erfolgt noch eine Bleichung mit Hydrosulfit (Blankit), die sich schon

---

[1]) Ullmann, Enzyklopädie der chemischen Technologie, 3, 707. Grotan wird hergestellt von Schülke u. Mayr A.-G., Hamburg.

nach ganz kurzer Zeit durch eine wesentliche Aufhellung der Farbe zu erkennen gibt. Trotz des hohen Preises für Hydrosulfit ist die Bleichung lohnend, da schon recht geringe Mengen dafür ausreichend sind.

Natürlich sind noch eine ganze Reihe anderer Bleichverfahren vorgeschlagen worden, besonders die Anwendung von Wasserstoffsuperoxyd in verschiedenen Formen. Erwähnt sei nur das kombinierte Bleich- und Neutralisierungsverfahren

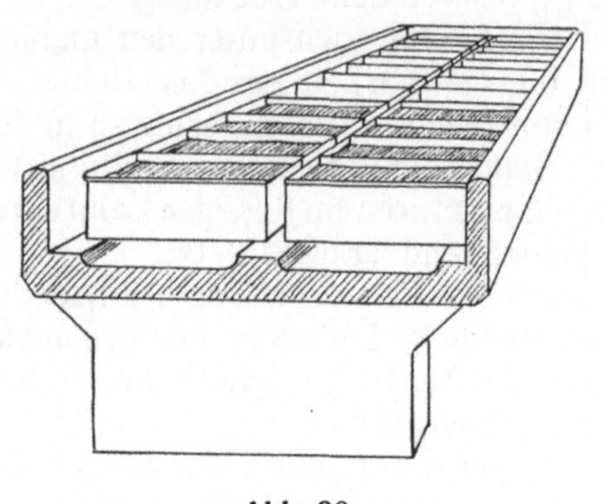

Abb. 30.
Kühltisch in Eisenbeton.

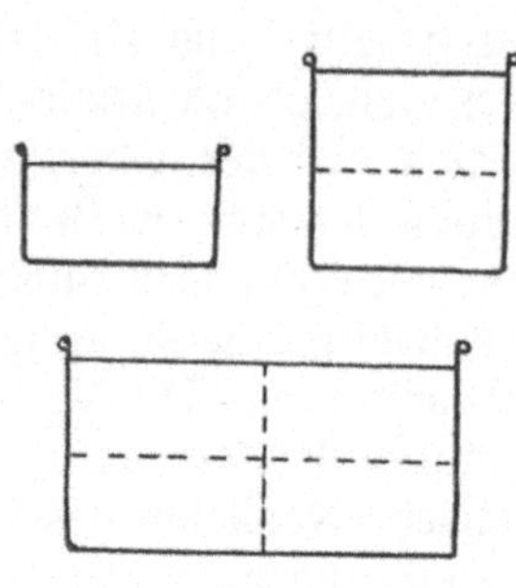

Abb. 31.
Querschnitte von Leimkasten.

nach C. Greiner[1]), dieser behandelt schon das Rohmaterial in geschlossenen Behältern mit Wasserstoffsuperoxyd, wobei der Überdruck des freiwerdenden Sauerstoffs die bleichende Wirkung erhöht; während des Aussiedens wird eine Neutralisation durch Einleiten von Kohlendioxyd vorgenommen; der noch vorhandene Rest von Kalziumhydroxyd wird als Kalziumkarbonat ausgefällt, der Überschuß von Kohlensäure entweicht, die Gefahr einer Übersäuerung ist ausgeschlossen.

Formen, Schneiden und Auflegen der Leimgallerte.

Die konzentrierten Leimlösungen werden zum Erstarrenlassen in Kasten von verzinktem Eisenblech ausgegossen, die in einem kühlen Raum Aufstellung finden. Besonders bei Knochenleim ist meist noch eine Kühlung durch fließendes Wasser erforderlich. In langen Trögen aus Blech oder Eisenbeton, den Kühltischen, sind die Leimkasten in ein oder zwei Reihen eingesetzt und werden allseitig von Kühlwasser bespült (s. Abbildung 30).

Der Querschnitt eines Kastens entspricht der Größe von einer, bei Wasserkühlung auch zwei oder vier Leimtafeln (s. Abb. 31). Nach 12—24 Stunden ist die Gallerte hinreichend fest. Man taucht die Kasten kurze Zeit in heißes Wasser, stürzt die Blöcke aus, teilt sie, wenn erforderlich der Länge nach durch eine Schneidvorrichtung mit gespannten Drähten, so daß man Blöcke mit einem Querschnitt in der Größe einer Leimtafel erhält. Die weitere Aufteilung in Tafeln erfolgt in der Leimschneidmaschine; die Schneidmaschinen neuerer Konstruktion nehmen den ganzen Leimblock auf (Abb. 32), ein hin- und hergehender Schlitten preßt ihn langsam durch den Messerrahmen, letzterer enthält eine Anzahl

Abb. 32.
Leimschneidmaschine
von C. Greiner, Neuß a. Rh.

---

1) C. Greiner jr., D.R.P. 337178, 22 i. Gr. 3.

schmaler, senkrecht eingespannter Messer, deren gegenseitiger Abstand die Stärke der Tafeln bestimmt. Man schneidet gewöhnlich in 15—30 mm Dicke, beim Trocknen tritt eine Schwindung bis auf etwa ein Drittel dieser Stärke ein.

Das Gelatinieren kann auch durch Ausgießen der Leimlösung auf Glas- oder Blechtafeln, die von unten mit kaltem Wasser gekühlt sind, vorgenommen werden. Das Erstarren erfolgt hier sehr rasch, da die Gallertschicht nur die Dicke einer Leimtafel besitzt. Für große Leistungen kommt dieses Verfahren weniger in Frage.

Die Tafeln werden von Hand auf Trockennetze gelegt, letztere bestehen aus Rahmen in der Größe von ca. 1 × 2 m; für deren lange Schenkel benützt man ca. 8 cm breite, hochkant gestellte Latten, für die kurzen 2 cm breite Flacheisen. Die Rahmen sind mit Hanf-, verzinktem Eisendraht- oder Aluminiumdrahtgeflecht bespannt, wovon sich besonders letzteres gut bewährt.

In den Vereinigten Staaten benutzt man zur Ersparung der Handarbeit maschinelle Vorrichtungen zum Auflegen der Leimtafeln auf die Netze; in Deutschland sind solche wohl nur in der Gelatinefabrikation in Gebrauch (s. S. 49).

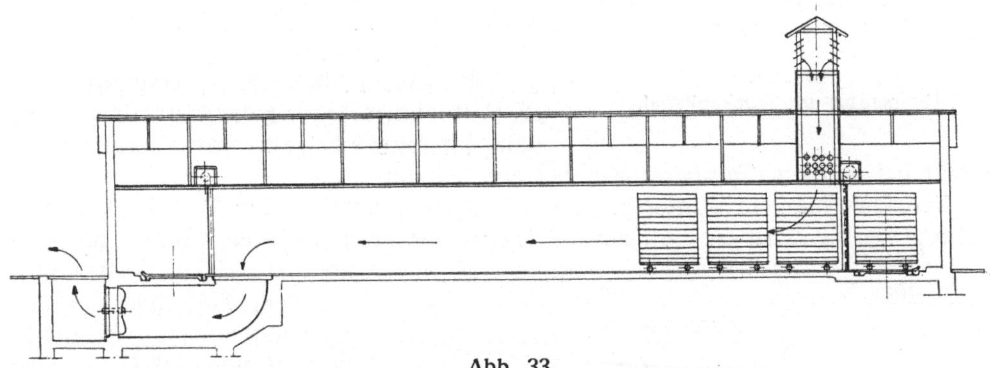

Abb. 33.
Trockenkanal von H. Schirm, Leipzig.

Das Trocknen der Leimtafeln. Die belegten Netze werden auf flache Wagen meist in zwei Stößen von etwa 2 m Höhe aufgeschichtet und dann in die Trockenräume verbracht.

Zur rationellen Ausnutzung der Wärme haben sich am besten die Kanaltrockner bewährt. Ein solcher besteht aus einem 20—30 m langen Gang, dessen Querschnitt möglichst genau der Höhe und Breite der beladenen Leimwagen entspricht. An einem Ende ist ein Heizkörper aus Rippenrohren für Dampf, am andern Ende ein großer Ventilator angebracht, der einen schwach angewärmten Luftstrom durch den Kanal saugt (Abb. 33).

Die Trockenwagen werden gewöhnlich im Gegenstrom zur erwärmten Luft durch den Kanal bewegt.

Der Trockenvorgang erfordert eine peinliche Überwachung, die Temperatur soll bei Lederleim 30—35° C nicht überschreiten, da der Schmelzpunkt der frischen Gallerte etwa bei dieser Temperatur liegt. Auch die Luftmenge, die vom Ventilator gefördert wird, muß in bestimmtem Verhältnis zum jeweiligen Feuchtigkeitsgehalt der Atmosphäre, zur Länge des Kanals und zur Gewichtsmenge des Trockenguts stehen.

Der theoretisch errechnete Luftbedarf wird jedoch in Wirklichkeit beträchtlich überschritten.

O. Marr[1]) führt ein Beispiel der Berechnung von Luft- und Wärmebedarf

[1]) O. Marr, Das Trocknen und die Trockner, 3. Aufl. (1920).

4*

für eine Leimtrocknungsanlage durch, er gelangt bei Annahme der üblichen Zahlen für die Dimensionen der Trockenanlage, Wärme- und Luftverbrauch, Wärmeübergangskoeffizient usw. zu einer Trockendauer von 24 Stunden. Tatsächlich erfordert jedoch die Trocknung je nach Dicke der Leimtafeln 10 bis 25 Tage. Die Ursache liegt in der stark gehemmten Wasserabgabe der Leimsubstanz.

Die Diffusionsgeschwindigkeit des Wassers vom Innern der Leimtafel nach außen ist an sich schon eine geringe und nimmt mit fortschreitender Trocknung immer mehr ab, da an der Oberfläche eine Trockenhaut von zunehmender Dicke

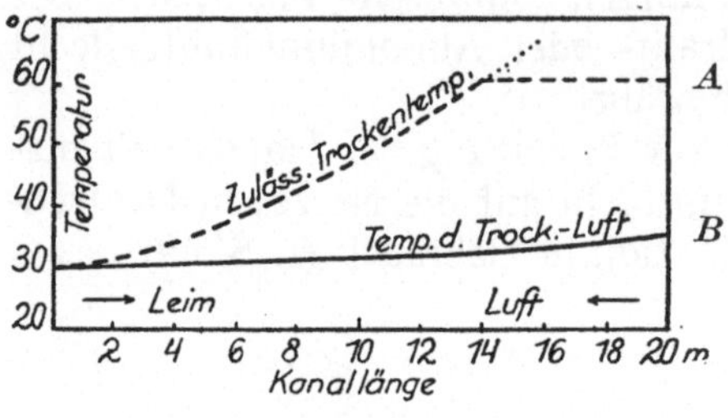

Abb. 34.
Temperatur im Trockenkanal.

entsteht. Die Trocknung muß daher auf alle Fälle so lange fortgesetzt werden, bis die Hauptmenge des Wassers entfernt ist, ohne Rücksicht darauf, daß die Ausnützung der Wasseraufnahmefähigkeit der Luft eine sehr unvollkommene ist.

Aus diesem Grunde haben die Trockenkanäle der Leimfabriken meist eine beträchtliche Länge.

Wie aus Abb. 8, S. 11 ersichtlich, ist die Aufnahmefähigkeit der Luft für Wasserdampf bei niederer Temperatur gering, steigt jedoch bei höheren Temperaturen beträchtlich an.

Trocknet man im Winter z. B. bei 0° C, so enthält 1 cbm Luft im höchsten Fall 5 g Wasser, wird die Luft auf 30° C erwärmt, so kann jeder Kubikmeter noch 30 — 5 = 25 g Wasser aufnehmen. Hat man dagegen im Sommer eine Außentemperatur von 25° C, so wird die Luft bis zu 23 g/cbm Wasserdampf enthalten. Bei einer Steigerung der Temperatur auf 30° C können nur noch weitere 30 — 23 = 7 g Wasser/cbm aufgenommen werden (dabei ist volle Sättigung der Luft mit Wasserdampf angenommen, ein Zustand, der praktisch nie erreicht wird).

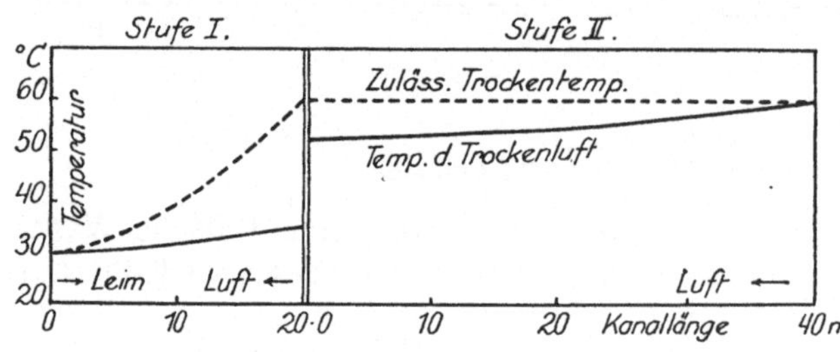

Abb. 35.
Temperatur beim Trocknen in zwei Stufen.

Die Trocknung wird also im Winter bei gleicher Trockentemperatur schneller verlaufen als im Sommer, wie dies auch tatsächlich beobachtet wird. Man kann daher im Winter einen Teil der Trockenluft zur Wiederbenützung zum Eingang des Trockenkanals zurückleiten, wodurch beträchtliche Wärmemengen gespart werden.

Die Trocknung bei höheren Temperaturen ist also nach obigem viel rationeller, man würde in diesem Falle mit wesentlich geringeren Mengen an Trockenluft auskommen; die frische Leimgallerte läßt aber, wie schon erwähnt, bei Lederleim höchstens eine Temperatur von 35° C, bei Knochenleim von 25° C zu. Wenn der Trockenprozeß weiter fortgeschritten ist, kann man jedoch mit der Temperatur unbedenklich höher gehen.

In ein und demselben Trockenkanal ist jedoch ein solches Verfahren nicht durchführbar.

In Abb. 34 stellt der Abschnitt der Abszissenachse die Länge des Trockenkanals dar, Kurve A gibt die zulässigen Höchsttemperaturen bei fortschreitender Trocknung wieder; als Höchstgrenze ist 60° C angenommen, obwohl der stark entwässerte Leim auch bei höheren Temperaturen nicht mehr schmelzen würde; jedoch kann dann eine Schädigung der Qualität des Leims eintreten.

Kurve B zeigt die tatsächlich im Kanal herrschende Temperatur, die sich immer weiter von Kurve A entfernt.

Man kann aber die Trocknung stufenweise, etwa in zwei Abteilungen mit Hilfe von je zwei Kanälen durchführen.

In Stufe I wird bei niederer Temperatur in den gewöhnlichen Trockenkanälen soweit entwässert, bis die Tafeln nicht mehr weich, aber noch biegsam sind; dann folgt die Fertigtrocknung in Stufe II durch einen Trockenkanal von größerer Länge. Die Anfangstemperatur beträgt hier ca. 60°, die Luftbewegung kann wesentlich langsamer sein, da die Wasserabgabe nur noch sehr träge erfolgt. In Abb. 35 sind die Temperaturverhältnisse bei der Trocknung in zwei Stufen wiedergegeben, die Bezeichnung ist die gleiche wie in Abb. 34. Die bessere Anpassung der Trockenlufttemperatur an die tatsächlich zulässige Trockentemperatur ist ohne weiteres ersichtlich. Ein Kanal der Stufe II ist für mehrere Kanäle der Stufe I ausreichend. (Über Trocknung s. auch S. 9.)

Der getrocknete Leim wird von den Netzen herabgenommen und in Säcke von 50 kg, gelegentlich auch in Kisten oder Fässer verpackt. Bei längerem Lagern verliert er durch weitere Austrocknung meist noch an Gewicht.

V. Herstellung des Knochenleims nach dem Dämpfverfahren.

Die Verarbeitung der Knochen auf Leim erfordert eine Trennung des mineralischen Knochengerüsts vom organischen Anteil.

Entweder verfährt man so, daß man zunächst die anorganischen Salze durch Säuren herauslöst, wobei das Osseïn zurückbleibt, oder man läßt zunächst den anorganischen Anteil unverändert und führt durch gespannten Wasserdampf das Osseïn in Glutin über, welch letzteres in Lösung geht. Den ersteren Weg bezeichnet man als Mazerationsverfahren; wegen der Kostspieligkeit der dazu notwendigen Säure wird es meist nur in der Gelatinefabrikation angewandt (s. S. 48); weitaus der gebräuchlichere Weg ist der letztere, er wird gewöhnlich zur Gewinnung des Knochenleims beschritten, man bezeichnet die Methode als Dämpfverfahren.

Im einzelnen gliedert sich die Verarbeitung in folgende Abschnitte:

1. Sortieren und Zerkleinern der Knochen.
2. Entfettung und Raffination des Knochenfetts.
3. Trockene und nasse Reinigung des Knochenschrots.
4. Entleimung.
5. Weiterverarbeitung der Leimbrühen bis zum Fertigprodukt (wie bei Lederleim).
6. Aufarbeitung der Phosphatrückstände.

Die Rohknochen werden am besten direkt vom Eisenbahnwagen der Sortieranlage zugeführt. Eine mechanische Schüttelvorrichtung trägt die Knochen gleichmäßig auf das endlose, langsam fortlaufende Sortierband auf, hier werden Eisenteile durch einen feststehenden oder rotierenden Elektromagneten zurückgehalten, andere Fremdstoffe von Hand ausgelesen. Starke Röhrenknochen werden ebenfalls ausgeschieden, da sie sich als Rohmaterial für die Beinwarenfabrikation lohnender verwerten lassen. Das schräg aufwärtslaufende Sortierband wirft die Knochen in den Trichter des Brechers ab. Der Kruppsche Knochenbrecher besteht in der Hauptsache aus zwei Zahnradwalzen die sich mit verstellbarem Abstand gegeneinander drehen. Sehr beliebt sind die sog. Messerbrecher, das Zerkleinerungsorgan ist hier eine äußerst kräftige Welle, die an ihrem Umfang mit einer einzigen Reihe von Schlagstiften (Messern) in spiraliger Anordnung besetzt ist, die in eine Reihe entsprechender feststehender Messer eingreifen (s. Abb. 36).

Gewöhnlich ordnet man zwei derartige Brecher übereinander an, von welchen der obere mit größerem Messerabstand die Vorzerkleinerung besorgt; ein rotierender Elektromagnet zwischen beiden fängt gelegentlich abbrechende Schlagklingen vom oberen Brecher ab, um eine Beschädigung des unteren zu verhüten.

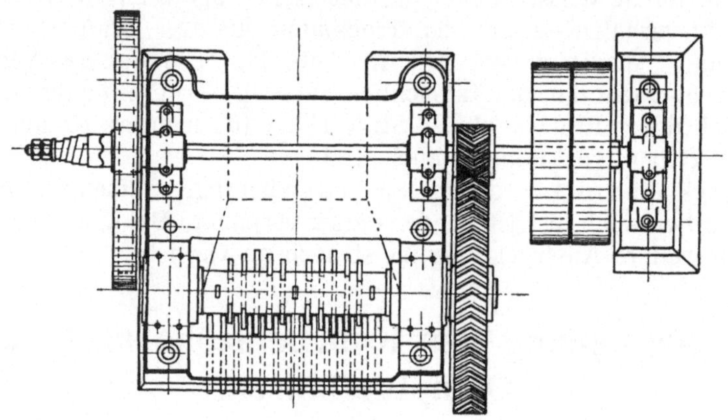

Abb. 36.
Knochenbrecher von H. Schirm, Leipzig. Ansicht von oben.

Entfettung der Knochen. Die Entfettung der Knochen wird heute ausschließlich nach dem Extraktionsverfahren mit organischen, in Wasser unlöslichen Lösungsmitteln durchgeführt. Weitaus am meisten gebräuchlich ist immer noch das Benzin, welches schon J. Seltsam, Forchheim i. B.[1]), der das Extraktionsverfahren für die Knochenverarbeitung im Jahr 1879 einführte, benutzt hat.

Die Zahl der verschiedenen Extraktionsapparate ist eine sehr große. Am besten bewährt hat sich für Knochen das Extrahieren mit Lösungsmitteldämpfen in feststehenden Einzelapparaten.

In Abb. 37 ist eine Knochenextraktionsanlage nach O. Ruf wiedergegeben.

Die zerkleinerten Knochen werden mittels Becherwerk und Transportbändern oder sonstigen Fördervorrichtungen dem Silo A zugeführt, und von hier aus in den Extraktor B eingefüllt. Nach Schließen des oberen Mannlochs wird von Behälter C aus durch Leitung bc dem Extraktor so viel Benzin zufließen lassen, bis der Flüssigkeitsspiegel beinahe den Siebboden S erreicht.

Durch eine Dampfschlange wird das Benzin dauernd zum Sieden erhitzt, die Dämpfe steigen in den Knochen empor, kondensieren sich hier an dem anfänglich noch kalten Material und wirken dabei intensiv lösend auf das vorhandene Fett; schließlich wird die gesamte Füllung auf die Temperatur des siedenden Lösungsmittels erwärmt sein, die Benzindämpfe müßten nunmehr unkondensiert zum

[1]) L. Thiele, Leim und Gelatine, 2. Aufl., 29.

Kühler abziehen, eine extrahierende Wirkung könnte nicht mehr ausgeübt werden. Es ist jedoch zu berücksichtigen, daß die Knochen eine beträchtliche Menge Wasser enthalten, letzteres wird durch die heißen Benzindämpfe dauernd verdampft, wobei diese ihrerseits kondensiert werden und damit fettlösend wirken.

Man läßt während der Extraktion dauernd Benzin aus Behälter B nachfließen, die abziehenden Benzindämpfe werden im Kühler D verdichtet, daß Kondensat bestehend aus Benzin mit wenig Wasser, fließt in den Benzinbehälter, das Wasser sammelt sich unten in W und wird von Zeit zu Zeit durch Hahn h abgelassen.

Bei anderen Konstruktionen wird ein Wasserabscheider zwischen Kühler und Benzinbehälter eingeschaltet. Wenn auch die automatische Wasserabscheidung als Vorzug zu betrachten ist, so hat die obige Konstruktion den Vorteil, daß dem Benzin längere Zeit zur Trennung vom Wasser gegeben ist. Dieser Umstand fällt besonders ins Gewicht, wenn an Stelle von Benzin das spezifisch schwerere Benzol benutzt wird. Um Wärme zu sparen, kühlt man nur so weit, daß das Benzin eben kondensiert wird und noch warm dem Behälter zufließt. Der Sicherheitskühler K verhindert dabei Benzinverluste.

Das Benzin-Fettgemisch wird aus dem Extraktor nach dem Fettsammler F abgelassen und hier das überschüssige Lösungsmittel über Kühler D nach dem Benzinbehälter abdestilliert.

Nach beendeter Extraktion werden die noch in den Knochen enthaltenen Benzinreste durch direkten Dampf abgetrieben; die

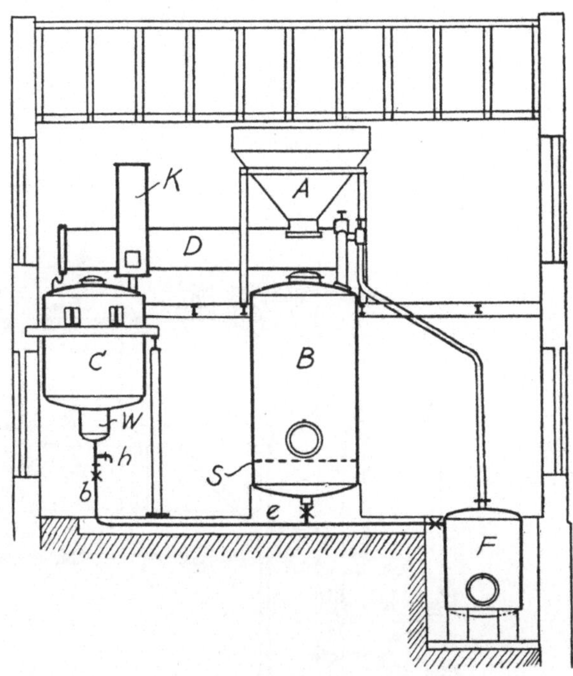

Abb. 37.
Extraktionsanlage nach O. R u f - München.

aus dem Extraktor entleerten Knochen sind weitgehend fettfrei und lufttrocken.

Das Knochenfett ist hell- bis dunkelbraun und besitzt einen unangenehmen Geruch, es enthält größere Mengen Wasser und Asche, letztere meist in Form von Kalkseifen. Man reinigt es durch Aufkochen mit 2—5 % Schwefelsäure von 60° Bé, wobei die Kalkseifen gespalten werden und ein Niederschlag von Gips ausfällt.

Einer Bleichung widersteht es sehr hartnäckig, man kann eine solche mit Chromsäure oder durch Behandlung mit schwefliger Säure und darnach mit Bariumsuperoxyd erreichen.

Nicht zu verwechseln mit dem Knochenfett ist das Knochen- oder Klauenöl; es wird durch vorsichtiges Auskochen der Fußknochen von Rindern mit Wasser gewonnen und dient als feines Schmieröl.

Trockene und nasse Reinigung des Knochenschrots.

Bei der nunmehr folgenden Reinigung der entfetteten Knochen werden in einer rotierenden Siebtrommel von 3—6 m Länge und 1—1,80 m Durchmesser die dem Knochenschrot anhaftenden Verunreinigungen abgescheuert.

Als Siebe benutzt man am besten Drahtnetze aus Vierkantdraht; wegen der rauhen Oberfläche und der größeren freien Siebfläche eignen sich solche besser für diesen Zweck als gelochte Bleche. Das Scheuermehl, das bei der Putztrommel anfällt, wird als Rohknochenmehl für Düngezwecke in den Handel gebracht, es enthält 4—5% Stickstoff und 18—20% Phosphorsäure (P_2O_5).

Gleichzeitig mit dem Polieren wird gewöhnlich eine Nachzerkleinerung und Klassierung des Knochenschrots nach verschiedenen Korngrößen vorgenommen. Die Hauptmenge des gescheuerten Knochenschrots liegt in trockenen glatten Stücken von 2—4 cm Größe vor und ist in dieser Form unbegrenzt haltbar.

Bei starker Zufuhr von Rohmaterial wird man dieses wegen Gefahr eintretender Fäulnis besonders im Sommer nicht längere Zeit lagern, sondern sogleich entfetten

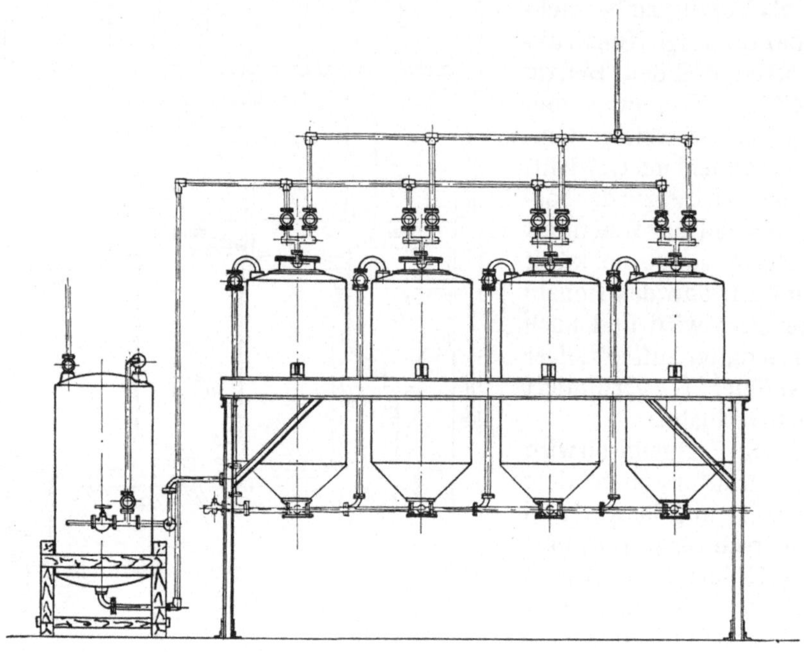

Abb. 38.
Dämpferbatterie zur Entleimung von Knochenschrot von H. Schirm, Leipzig.

und lieber den entfetteten trockenen Knochenschrot aufbewahren, bis Bedarf in der Leimfabrik eintritt. Aus diesem Grunde empfiehlt es sich, den Raum der Extraktoren reichlich zu bemessen.

Zur weiteren Reinigung weicht man den polierten Knochenschrot 1—2 Tage lang in großen Holzbottichen oder betonierten Behältern in Wasser ein und führt gleichzeitig schweflige Säure aus einem Schwefelofen oder aus Stahlzylindern zu; die Menge der letzteren beträgt ca. ½—1% des behandelten Schrotgewichts. Diese Schweflung wird fälschlich auch als Mazeration bezeichnet, unter letzterer versteht man jedoch die völlige Entmineralisierung der Knochen durch Säure (s. S. 48).

Da der erzielte Bleicheffekt nicht sehr bedeutend ist und andererseits eine der schwefligen Säure entsprechende Menge Phosphorsäure verloren geht, verzichten manche Fabriken auf diese Behandlung und begnügen sich mit einer ausgiebigen Spülung in einer Waschtrommel, die natürlich auch auf die Schwefelung zu erfolgen hat.

Entleimung des Knochenschrots. Der wichtigste Teilprozeß der Knochenleimgewinnung, die Entleimung des Knochenschrots, wird in eisernen Autoklaven vorgenommen. Dieselben bestehen aus aufrechtstehenden Zylindern von ½—2 cbm Fassungsraum mit Siebboden und oberem und unterem Mannloch. Man bevorzugt neuerdings das kleinere Format wegen besserer Qualität und Ausbeute an Leim.

3—6 solcher Autoklaven, die in Anlehnung an die Zuckerfabrikation, welche der Knochenleimherstellung überhaupt in manchen Punkten als Vorbild gedient hat, als Diffuseure bezeichnet werden, sind zu einer Batterie vereinigt (s. Abb. 38).

Verbindungs- und Übersteigleitungen für die Leimlösung, ebenso Rohrleitungen für Dampf und heißes Wasser ermöglichen ein systematisches Auslaugen des Knochenschrots nach dem Gegenstromprinzip.

Jeder Diffuseur oder Dämpfer wird beispielsweise 6 bis 12 mal je 1 Stunde abwechselnd mit gespanntem Dampf von 0,2—2 Atm. Druck und mit heißem Wasser bzw. mit Leimlösung befahren. Man steigert den Dampfdruck allmählich mit fortschreitender Erschöpfung der Knochen an Leim.

In nachstehenden Schema ist die Arbeitsweise einer Batterie mit 6 Diffuseuren wiedergegeben (s. Abb. 39).

Die oberen Zahlen geben die Nummern der Diffuseure an, die seitlichen Zahlen die Stunden; die Perioden des Dampfdrucks sind durch Kreuze, die der Auslaugung durch Kreise bezeichnet. Die Verbindungslinien zwischen letzteren zeigen den Gang der Leimlösungen an. Die Zeiten für das Weiterfördern der Brühen sind in den angegebenen Zeitabschnitten inbegriffen.

Zweckmäßig wird man hier mit 12 maligem Wasserwechsel arbeiten, wobei das sechste und zwölfte Wasser frisch zugeführt wird, der einfacheren Darstellung halber ist bei obigem Schema nur 6 maliger Wechsel angenommen.

Dämpfer 1 enthält z. B. als erstes „Wasser" von 16 bis 17 Uhr eine stark angereicherte Leimlösung, die schon fünf andere Diffuseure (Nr. 6, 5, 4, 3, 2) passiert hat, dann folgt 18—19 Uhr eine Lösung die durch vier Apparate gegangen ist usw. Von 2—3 Uhr wird das letzte (sechste) Wasser gegeben, das als Frischwasser dem Reservoir entnommen wird und dem weitgehend entleimten Schrot die letzten Reste von Leimsubstanz entziehen soll.

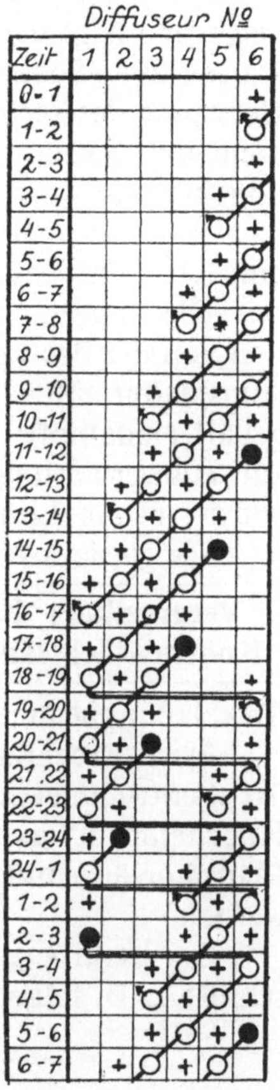

Die Leimbrühen mit 10—20 % Trockengehalt werden direkt aus den Dämpfen in höhergestellte Behälter, meist Holzbottiche, durch Dampf- oder Luftdruck hinaufbefördert, man überläßt sie hier einige Stunden sich selbst, damit die größeren Verunreinigungen sich absetzen können. Immerhin ist die Leimbrühe auch dann noch trüb und von hellbrauner Farbe. Man leitet zur Bleichung und Konservierung etwas schweflige Säure ein.

Klären und Filtrieren der Knochenleimbrühen. Will man eine hellere reinere Farbe beim Fertigfabrikat erzielen, so kann man die Leimlösung klären oder filtrieren.

Das Klären erfolgt nach Thiele[1]) mit Alaun oder Kalkmilch in schwach saurer Lösung, nach Cambon[2]) mit Monokalziumphosphat oder Phosphorsäure und Kalkmilch.

---

[1]) L. Thiele, Leim und Gelatine, 2. Aufl., 59.   [2]) R. Kißling, Leim und Gelatine, 76.

Diffuseur №

Zeit	1	2	3	4	5	6
0-1						+
1-2						○
2-3						+
3-4					+	○
4-5					○	+
5-6					+	○
6-7				+	○	+
7-8				○	+	○
8-9				+	○	+
9-10			+	○	+	○
10-11			○	+	○	+
11-12			+	○	+	●
12-13		+	○	+	○	
13-14		○	+	○	+	
14-15		+	○	+	●	
15-16	+	○	+	○		
16-17	○	+	○	+		
17-18	+	○	+	●		
18-19	○	+	○			+
19-20	+	○	+			○
20-21	○	+	●			+
21.22	+	○			+	○
22-23	○	+			○	+
23-24	+	●			+	○
24-1	○			+	○	+
1-2	+			○	+	○
2-3	●			+	○	+
3-4			+	○	+	○
4-5			○	+	○	+
5-6			+	○	+	●
6-7		+	○	+	○	

Abb. 39.

Eine sehr schöne Klärung erhält man auch mit Alaun und Phosphorsäure evtl. unter Zusatz von Kalkmilch[1]). Man macht die entsprechenden Zusätze bei Temperaturen von nicht unter 75° C, rührt längere Zeit lebhaft um und läßt den Niederschlag absitzen.

Die Lösung wird nicht nur völlig glasklar, sondern erhält auch eine hervorragend helle Farbe. Dies ist jedenfalls darauf zurückzuführen, daß die Eisenverbindungen bei der Klärung entfernt werden. Während der nicht geklärte Leim die Berliner-Blaureaktion gibt, ist im geklärten Leim Eisen kaum noch nachzuweisen.

Die Qualität leidet bei Knochenleim durch die Klärung nicht in merklichem Maße, jedenfalls ist ein nennenswerter Rückgang der Viskosität nicht festzustellen. Dagegen steigt der Säuregehalt etwas an, außerdem neigen geklärte Leimlösungen stärker zum Schäumen, was schon beim Eindampfen derselben, ebenso später bei Gebrauch des fertigen Leims lästig werden kann. Jedenfalls wird man gut tun, nicht die Gesamtmenge der Produktion, sondern nur einen Teil zu klären und mit ungeklärtem Leim zu mischen.

Sehr lästig ist die Aufarbeitung des Klärrückstands, welcher große Mengen von Leimsubstanz enthält. Über Filtration s. S. 33.

Die weitere Verarbeitung des Knochenleims unterscheidet sich nur unwesentlich von der des Lederleims. Man hat der geringen Gallertfestigkeit des Knochenleims dadurch Rechnung zu tragen, daß man ihn höher, etwa auf 30—40% Trockengehalt eindampft, gewöhnlich wird nach dem Eindampfen etwas schweflige Säure zur Konservierung zugefügt, mit Blankit gebleicht und wenn der Leim geklärt wurde, etwas Lithopone oder Leimweiß zugesetzt, um ihm ein schwach trübes, weniger glasiges Aussehen zu geben.

| Verarbeitung der Knochenrückstände. | Der nasse entleimte Knochenschrot enthält noch ca. 1% Stickstoff in der Trockensubstanz, welcher nicht in Leim übergeführt werden kann; die Hauptmenge besteht aus |

Trikalziumphosphat.

Nach Trocknung, die an der freien Luft, besser auf einer Darre oder in einer Trockentrommel erfolgt, wird der Rückstand gemahlen und ergibt das ,,entleimte Knochenmehl" mit ca. 1% N und 30% P_2O_5, stellt also einen hochprozentigen Phosphorsäuredünger dar. Dasselbe kann evtl. auf Superphosphat weiter verarbeitet werden.

Bei Verarbeitung größerer Mengen von Knochen erhält man im Jahresdurchschnitt z. B. folgende Ausbeute:

9% Knochenfett

12% Scheuermehl

55% polierten Knochenschrot, daraus

    16% Leim

    44% entleimtes Knochenmehl

4% Hörner und Hufe

0,5% Röhrenknochen

19,5% Abfall- und Wasserverlust.

| Andere Handelsformen des Leims, Leimgallerte. | Die langwierige und recht kostspielige Trocknung des Leims in Form der Tafeln hat vielfach zu dem Gedanken angeregt, diesen Vorgang durch ein einfacheres |

Verfahren zu ersetzen.

---

[1]) A. Gutbier, E. Sauer und F. Schelling, Kolloid-Ztschr. **30**, 376 (1922).

Immer noch aussichtsreich erscheint es, Leimgallerte direkt als solche in den Handel zu bringen[1]).

Die gesamten Trockenkosten kämen dabei in Wegfall, für den Verbraucher dazu noch die Arbeit des Aufquellens.

Trotzdem hat sich die Gallerte in größerem Maßstab nicht einführen können; vor allem bereitet die Konservierung Schwierigkeiten, dann fehlen bei der Gallerte die äußeren Kennzeichen der Qualität und des Wassergehalts, außerdem sind die Frachtkosten für die Gewichtseinheit Trockenleim höher als bei Tafeln.

| Flocken- oder Schuppenleim. | Auf den gewöhnlichen Walzentrocknern hergestellter Leim in Flocken besitzt infolge Überhitzung nur eine geringe Qualität. Besser geeignet sind Vakuumtrockentrommeln, z. B. die von E. Paßburg, nur sind hier die Anschaffungs- und Betriebskosten beträchtliche.

Abb. 40.
Trockner für Leim und Gelatine nach O. Ruf, München.

Gut eingeführt hat sich auch der Ruf-Trockner, eine Trockentrommel, bei welcher sich auch ohne Anwendung von Vakuum ein hochwertiger Trockenleim erzielen läßt. Die Leimlösung wird zunächst in einen feinblasigen Schaum übergeführt, der letztere auf eine Trockenwalze aufgetragen und nach ¾ Umdrehung der Walze wieder abgeschabt. Die Untersuchung des Fertigfabrikats zeigt einen nur unwesentlichen Rückgang der Viskosität gegenüber der Leimlösung, aus welcher es gewonnen wurde (s. Abb. 40).

Um diese Flocken für den Gebrauch handlicher zu machen werden sie neuerdings auch zu Plättchen gepreßt („Leimbohnen").

| Pulverleim. | Mit Hilfe des Zerstäubungsverfahrens (z. B. nach G. Krause) läßt sich Leim ebenfalls ohne Schwierigkeiten trocknen.

Das dabei erhaltene feine, leichte Pulver schwimmt auf Wasser, was beim Aufquellen störend ist; auch nimmt die voluminöse Masse beim Verpacken den mehrfachen Raum ein wie Tafelleim.

Leimpulver erhält man auch durch Mahlen der scharf getrockneten Tafeln. Im Gebrauch ist solches Leimpulver sehr angenehm, stellt aber gegenüber Tafelleim kein neuartiges Erzeugnis dar, da es ja aus diesem gewonnen wird.

[1]) E. Sauer, Kolloid-Ztschr. **16**, 148 (1915).

| **Leimperlen.** | Von der A.-G. für Chemische Produkte, vorm. H. Scheidemandel[1], wird Leim in Form von Perlen in den Handel gebracht. |

Lösungen von Leder- oder Knochenleim läßt man in eine gekühlte, mit Wasser nicht mischbare Flüssigkeit eintropfen. Die erstarrten Gallertkügelchen werden von der Kühlflüssigkeit getrennt und in 24 Stunden getrocknet.

Die Leimperlen haben den Vorzug, daß sie die Leimsubstanz in ähnlich kompakter Form, wie sie bei den Tafeln vorliegt, dem Käufer darbieten; außerdem läßt sich die Menge bequem dosieren und die Wasseraufnahme bei der Quellung ist schneller beendet als bei den meist wesentlich dickeren Tafeln. Eine Beeinträchtigung der Qualität des Leims findet durch dieses Trockenverfahren nicht statt.

| **Flüssiger Leim.** | Kolloidchemisch interessant ist auch die Herstellung kaltflüssiger Leime. Es kommt dabei darauf an, einer stark konzentrierten |

Leimgallerte die Gelatinierfähigkeit zu nehmen, um unabhängig von einer Wärmequelle ein jederzeit gebrauchsfertiges Leimpräparat zur Verfügung zu haben.

Eine Verflüssigung kann herbeigeführt werden durch einen teilweisen Abbau des Glutins durch Erhitzen, man erhält dabei jedoch Produkte, die nur noch einen geringen Wert als Klebstoffe besitzen.

Die Verflüssigung beruht hier jedenfalls auf einer Desaggregierung oder Teilchenverkleinerung.

Weit bessere Ergebnisse erzielt man durch Zusatz bestimmter chemischer Stoffe in verhältnismäßig hoher Konzentration. Bei dieser Art der Verflüssigung handelt es sich nicht wie oben um einen irreversiblen Teilchenabbau; wenn man nämlich die betreffenden Zusatzstoffe durch Dialyse entfernt, erhält man die ziemlich unveränderte Leimgallerte zurück; sehr leicht erreicht man dies z. B. indem man einen derartigen flüssigen Leim in geringer Schichthöhe in einem Becherglas mit kaltem Wasser überschichtet, das Wasser jeweils nach längerem Stehenlassen mehrmals wechselt und schließlich abgießt; es bleibt dann an Stelle des flüssigen Leims eine feste Gallerte im Glas zurück.

Der Elektrolytzusatz bewirkt hier anscheinend eine Änderung in der Art der Wasserbindung, ein teilweiser Abbau der Glutinsubstanz wird damit natürlich auch Hand in Hand gehen.

Die Zahl der vorgeschlagenen Zusatzstoffe sowohl anorganischer als auch organischer Natur ist eine fast unübersehbare.

Gut brauchbar ist die schon lange für diesen Zweck bekannte Essigsäure, die einen sehr schön klaren, klebkräftigen Leim ergibt, welcher sich für solche Zwecke eignet, wo eine vorübergehende Säurewirkung nicht schadet; beim Trocknen verflüchtigt sich die Essigsäure.

Einen neutralen Leim von hoher Klebkraft liefert das α-naphthalinsulfosaure Natron[2] z. B. im Verhältnis: 38 Teile Leim, 12 Teile Zusatz, 50 Teile Wasser; mit der Zeit wird dieser Leim jedoch dünnflüssiger und verliert an Klebkraft.

Gut bewährt haben sich auch Ameisensäure[3], ebenso Chloralhydrat. Dagegen gibt z. B. Chlorkalzium, das mehrfach empfohlen wurde, einen minderwertigen flüssigen Leim.

Die Menge der zuzusetzenden Stoffe hängt von der Konzentration und der Viskosität der betreffenden Leimlösung ab, man kann daher die Beobachtung machen, daß kaltflüssige Leime bei Verdünnung mit Wasser zur Gallerte erstarren.

---

[1] A.-G. f. Chem. Produkte vorm. H. Scheidemandel, D.R.P. 296522, 298366, 302853.

[2] Dr. Supf, D.R.P. 212346 (1909). „Beticol" der Scheidemandel A.-G.

[3] Luftfahrzeugbau Schütte-Lanz, D.R.P. 325246 (1921).

VI. Die Fabrikation der Gelatine.

| Rohmaterial. | Die Herstellung der Gelatine schließt sich eng an die des Leims an. Zur Verwendung kommt nur das beste Rohmaterial, und zwar sowohl Hautabfälle als auch Knochen. Von ersteren sind die „Kalbsköpfe" und Kalbshautabschnitte besonders geeignet. Von Knochen werden bevorzugt: Rohrknochen, Schulterblätter, Rippen, dann Abfälle der Beinwarenfabrikation; sehr wertvoll sind auch die sog. Hornschläuche, d. h. die knochigen Stirnzapfen der Rinder.

| Mazeration der Knochen. | Soweit die Knochen noch nicht entfettet sind, empfiehlt sich eine Extraktion mittels Benzin, Trichloräthylen usw. (s. S. 41), ist aber nicht unbedingt erforderlich.

Durch Einwirkung von verdünnten Mineralsäuren, meist Salzsäure oder schweflige Säure, wird das im Knochen enthaltene Trikalziumphosphat herausgelöst. Die „Mazerationslauge", welche in der Hauptsache aus primärem Phosphat, Phosphorsäure und etwas freier Salzsäure besteht, wird auf Dikalziumphosphat (Präzipitat oder Futterkalk) weiterverarbeitet.

Durch Fällen mit verdünnter Kalkmilch in Bottichen, die mit Rührwerken ausgerüstet sind, wird das Phosphat abgeschieden, der Niederschlag dekantiert, abfiltriert, geschleudert und in einer Trockentrommel oder im Kanal entwässert.

Eine solche Mazerationsanlage, die etwa aus einem System von großem, mit säurebeständigem Material ausgekleideten Betonbehältern und den zugehörigen Verbindungsrohren besteht, arbeitet nach dem Gegenstromprinzip. Das frische Material kommt zuerst mit der nahezu gesättigten Lösung in Berührung und schließlich am Ende des Prozesses mit reiner Säure. Die geeignete Konzentration der Säure und die Dauer des Arbeitsgangs werden erfahrungsgemäß festgesetzt. Immerhin schwankt die Salzsäurekonzentration zwischen $\frac{1}{2}$ und 5^0 Bé, während die gesättigte Lauge dann bis 23^0 Bé und mehr aufweist.

Der Mazerationsprozeß gilt dann als beendet, wenn auch dickere Knochenstücke mit dem Messer durchgeschnitten werden können und im Inneren kein harter Kern mehr vorhanden ist.

| Kalkbehandlung und Waschen. | Die weitere Behandlung des Osseïns ist gleichlaufend mit der der Hautabfälle, zunächst erfolgt ein gründliches Auswaschen, welchem sich direkt die Kalkung anschließt; die letztere muß wesentlich gründlicher durchgeführt werden als bei der Leimfabrikation.

Der erste Kalk, der verhältnismäßig schnell verbraucht ist, wird abgelassen und das Material umgekalkt, d. h. aus den Gruben herausgeschöpft und in umgekehrter Reihenfolge unter Zusatz frischer Kalkmilch wieder eingebracht. Diese Behandlung wird in gewissen Zeitabständen mehrmals wiederholt, so daß sich der Kalkungsprozeß, vor allem während der kälteren Jahreszeit, auf mehrere Monate erstrecken kann. Außerdem empfiehlt es sich, zwischendurch ein Waschen des Materials vorzunehmen. Die Kalkbehandlung wird unterbrochen, wenn die Rohware hinreichend gequollen und gebleicht ist, schädliche Eiweißstoffe abgebaut und die Fette verseift sind. Das Material fühlt sich nicht mehr „kernig" sondern weich an.

An Stelle von Kalziumhydroxyd wird von manchen Fabriken die Anwendung verdünnter Natronlauge bevorzugt.

Das Waschen und Neutralisieren des derart vorbereiteten Rohmaterials geschieht ähnlich wie beim Lederleim. Für die Dauer des Waschprozesses ist neben der Stückgröße des Materials und der Stärke der verwendeten Säure die Zusammensetzung des Waschwassers von ausschlaggebender Bedeutung. Die einzelnen Stücke des Rohmaterials sollen, bevor sie in die Sudkessel gelangen, nur noch schwach sauer reagieren, was gewöhnlich mittels Lackmus geprüft wird.

| **Der Siedeprozeß.** | Die Sudkessel sind meist offene Behälter aus Nickel oder verzinntem Kupfer. Sie haben in den einzelnen Betrieben die verschiedensten Abmessungen und sind mit indirekter Beheizung durch Dampf ausgerüstet. In diese Behälter wird das Rohmaterial eingebracht, wobei gleichzeitig die nötige Wassermenge zufließt.

Die „Siedetemperatur" schwankt je nach dem Reifegrad und der Stückgröße des Materials zwischen 35 und 60° C. Hat die Gelatinelösung die gewünschte Konzentration erreicht, was areometrisch festgestellt wird, so wird der erste Abzug abgelassen. Je nach der Natur der Rohware werden bis zu fünf (unter Umständen noch mehr) Abzüge bei immer mehr gesteigerter Temperatur gemacht. Der schließlich bleibende Rückstand wird ausgekocht, die Lösung mit Alaun und Phosphorsäure geklärt und nach und nach dem frischen Material wieder zugegeben oder für sich auf Leim verarbeitet. Die abgezogenen Sude werden filtriert, hier sind Filterpressen, oft Vor- und Nachfilter in Anwendung (s. S. 33).

Bei der Fabrikation von Dickblattgelatine (sog. Colle) ist eine Konzentrierung der Lösung durch Eindampfen im Vakuumverdampfer notwendig.

| **Formen und Trocknen der Gallerte.** | Die vollständig blanke Gelatinelösung wird in Kasten gegossen, welche meist wie die Sudkessel aus verzinntem Kupfer bestehen. Die erstarrte Gallerte wird, nachdem sie zur Erreichung größerer Festigkeit und Konservierung auf mindestens 5° C heruntergekühlt ist, in Blöcke zerlegt und weiter in Blätter geschnitten. Letztere werden von Hand auf Netze — solche von Baumwolle, Nickel- und Aluminiumdraht sind im Gebrauch — aufgelegt und getrocknet.

Speziell bei der Gelatineherstellung werden infolge der ausgedehnten Handarbeit mechanische Ausgieß-, Kühl- und Auflegmaschinen benutzt. In Deutschland sind im Gebrauch die Konstruktionen von Köpff-Göppingen, Schill und Seilacher-Stuttgart, M. Kind-Aussig[1]. Besonders in Nordamerika ist die Anwendung der Auflegmaschinen allgemein verbreitet und die Zahl der verschiedenen Konstruktionen eine sehr große.

Die Trockeneinrichtungen für Gelatine sind die schon bei Lederleim aufgeführten. Das Trocknen erfordert lange Erfahrung, da durch Qualität und Konzentration der Gallerte, Witterungs- und Luftverhältnisse die Trockenbedingungen von Fall zu Fall geändert werden müssen. Reguliert wird die Luftgeschwindigkeit sowie die Temperatur, letztere ändert sich zwischen 22 und 45° C.

Die getrockneten Gelatineblätter werden von den Netzen entfernt und meist in ½ oder 1 kg-Pakete verpackt.

| **Einteilung der einzelnen Gelatinesorten.** | Das wertvollste Produkt ist die Emulsionsgelatine; diese kommt bei der Herstellung photographischer Platten, Filme und Papiere zur Verwendung. Die Fabrikation erfordert neben bestem Rohmaterial äußerst sorgfältige Vorbereitung desselben. Die physikalischen Konstanten müssen den höchsten Ansprüchen genügen. Die Emulsionsgelatine wird sowohl in Blatt- als auch in Pulverform hergestellt.

Die Bezeichnung und Eigenschaften der einzelnen Sorten ist in nachstehender Tabelle aufgeführt:

---

[1] Siehe z. B. L. Thiele, Leim und Gelatine, 2. Aufl., 101, und R. H. Bogue, The Chemistry and Technology of Gelatin and Gluc. (New York 1922).

Tabelle 5.

Bezeichnung	Blattzahl pro ½ kg	Farbe	Eigenschaften	Verwendung
1. Emulsions-gelatine	—	weiß	hochwertige phys. Eigenschaften	phot. Zwecke
2. Extra	330—360	„	„	feinste Speise-zwecke
3. Gold	260—280	nicht ganz weiß	etwas geringer	Speisezwecke
4. Silber	220—240	schwach gelblich	mittlere Qualität	Speisezwecke
5. Kupfer	180—200	st. gelbl.	geringere „	techn. Zwecke
6. Schwarz-Druck	bis 180	gelb	geringe „	„ „

VII. Prüfung von Leim und Gelatine.

Leim als Klebstoff. Als Klebstoff dient der tierische Leim in der Hauptsache zum Zusammenfügen von Holzteilen. Zwei ebene Flächen werden mit der dickflüssigen Leimlösung bestrichen und aufeinandergepreßt, nach dem Trocknen ist die Verbindung hergestellt; die Festigkeit ist eine beträchtliche, bei Hirnleimung (senkrecht zur Faser) wurden bis zu 130 kg/qcm Zerreißfestigkeit festgestellt[1]).

Über die Natur des Klebevorgangs herrscht noch keine vollständige Klarheit[2]). Erfahrungsgemäß ist festgestellt, daß die Leimschicht zwischen den Holzflächen möglichst dünn sein soll, nach dem Trocknen beträgt sie nur Bruchteile eines Millimeters, bei guter Verleimung ist nach dem Zerreißen überhaupt keine Leimschicht sichtbar. Außerdem soll der Leim bis zu einer gewissen Tiefe in die Holzfaser eindringen.

Als Klebstoffe sind nur solche Stoffe geeignet, die

1. nach dem Trocknen eine hohe mechanische Festigkeit besitzen und vor allem
2. beim Trocknen eine Schwindung aufweisen. und zwar muß diese Volumabnahme kontinuierlich erfolgen, d. h. in gleichem Maße wie das Wasser entweicht, müssen die Poren sich schließen, so daß dauernd der Zusammenhang auf der ganzen Fläche gewahrt bleibt. Ein Zusatzdruck beim Trocknen unterstützt den Vorgang und erhöht die Haftfestigkeit wesentlich.
3. ist eine spezifische Haftfähigkeit gegenüber den zu verbindenden Stoffe erforderlich.

Der tierische Leim besitzt diese soeben gekennzeichneten Eigenschaften als Klebstoff in hervorragendem Maße.

Stark verbreitet in Kreisen der Praxis und auch in wissenschaftlichen Arbeiten ist die Meinung, daß Gelatine keine Klebkraft besitzt; an sich ist hiefür kein Grund einzusehen, da ja der wirksame Bestandteil des Leims, das Glutin in der Gelatine in besonders hohem Anteil vorhanden ist. Ganz eigenartige Verhältnisse würden auch eintreten, beim Mischen von Gelatine mit sehr geringwertigen Leimsorten, man könnte Mischungen herstellen vom Aussehen und mit den physikalischen

---

[1]) E. Sauer, Kolloid-Ztschr. **33**, 40 (1923).
[2]) Vgl. z. B. H. Bechhold und S. Neumann, Ztschr. f. angew. Chem. **37**, 534 (1924).

Eigenschaften wie gute Lederleimsorten, jedoch mit ganz geringer Klebkraft, da beide Komponenten kaum eine solche besitzen würden.

Um hierüber Aufschluß zu erhalten wurden mit einer 30 bzw. $33\frac{1}{3}$%igen Gelatinelösung Klebversuche ausgeführt und nachfolgende Zahlenwerte erhalten[1]).

Tabelle 6.

	Gelatinegeh. 30%	Gelatinegeh. $33\frac{1}{3}$%	
a)	92,0 kg/qcm	72,9 kg/qcm	
	98,5 „	89,0 „	Zerreiß-
			festigkeit.
b)	111,0 „	103,0 „	
	105,0 „	116,0 „	

Diese wenigen Versuche lassen sofort erkennen, daß Gelatine eine recht hohe Klebkraft besitzt, sie kommt einem guten Lederleim gleich.

Woher stammt nun die Ansicht, daß Gelatine als Klebstoff unbrauchbar ist?

Bei den Zerreißversuchen zeigte sich bei einigen Holzpaaren, und zwar bei solchen, die eine etwas geringere Fugenfestigkeit aufgewiesen hatten (a), daß auf der geleimten Fläche eine Gelatineschicht sichtbar wird, während bei normal verleimten Holzflächen eine derartige Zwischenschicht überhaupt nicht zu bemerken ist. Beim Zerreißen löst sich nun die Gelatineschicht von einer der beiden Holzflächen ab. Schon bei Herstellung der Probekörper trat ein Verhalten ein, das auf Unregelmäßigkeiten schließen ließ. Die beiden Holzprismen konnten nach Aufbringen der Gelatinelösung und Zusammenpressen leicht gleitend gegeneinander verschoben werden, während bei gewöhnlichem Leim schon nach wenigen Sekunden ein Festhaften eintritt. Dieses Verhalten rührt von der hohen Gallertfestigkeit bzw. dem hohen Erstarrungspunkt der Gelatine her. Der Überschuß der schnell festgewordenen Lösung läßt sich beim Belasten der Hölzer nicht mehr zwischen den Holzflächen herauspressen.

Bei einer Anzahl von Versuchen (in Tabelle 6 bezeichnet mit b) wurden die Hölzer auf 60—70° C vorgewärmt, nunmehr trat ein Gleiten der Leimfuge und die Bildung einer Zwischenschicht nicht mehr auf; die Zerreißfestigkeit war in diesem Fall eine höhere.

Vollständig ist damit aber die angeblich geringe Klebkraft der Gelatine nicht aufgeklärt, denn die erhaltenen Zugfestigkeiten sind auch bei Auftreten einer Zwischenschicht noch recht gut. Der Grund ist vielmehr ein anderer. Im leimverbrauchenden Gewerbe wird die Leimlösung in der Regel nicht nach einem bestimmten Prozentgehalt hergestellt, vielmehr wird eine hoch konzentrierte Lösung durch Verdünnen mit Wasser auf denjenigen Grad von Flüssigkeit gebracht, wie er für den jeweiligen Gebrauch erforderlich erscheint. Verfährt man mit Gelatine auch in dieser Weise, so erhält man bei der hohen Viskosität derselben verhältnismäßig geringprozentige Lösungen. Nach dem Trocknen bleibt dann auf der Leimfläche nicht genügend Masse zurück, um alle Zwischenräume auszufüllen und die Verbindung zwischen beiden Holzflächen herzustellen. Der Zusammenhalt ist naturgemäß dann nur gering.

---

[1]) E. Sauer, Habilitationsschrift (Stuttgart 1922); vgl. auch F. W. Horst, Ztschr. f. angew. Chem. **37**, 225 (1924).

Die Wertbestimmung des Leims.

Eine wirklich einwandfreie direkte Messung der Klebkraft des Leims durch Zerreißversuche mit irgendwelchen Probekörpern, die miteinander verleimt werden, erwies sich als undurchführbar. Man nahm daher seine Zuflucht zu indirekten Methoden; dieselben sind zu unterscheiden als chemische und physikalische.

Die chemischen Prüfungsverfahren laufen wohl in der Mehrzahl auf eine Bestimmung des Glutins hinaus und sind heute mehr in den Hintergrund getreten. Wichtig für die Leimuntersuchung sind folgende Prüfungsmethoden:

I. Physikalische Proben:
   1. Zerreißprobe, 2. Viskosität, 3. Elastizitätsmodul, 4. Gallertfestigkeit, 5. Schmelzpunkt der Gallerte, 6. Schaumprobe, 7. Prüfung auf Beständigkeit gegen Zersetzung, 8. Trockenfähigkeit, 9. Geruch.
II. Analytische Bestimmungen:
   1. Wassergehalt, 2. Aschegehalt, 3. Fettgehalt, 4. Gesamtsäure und schweflige Säure, 5. unlösliche Fremdstoffe.

Eine nähere Behandlung dieses für die Leimindustrie höchst wichtigen Gegenstandes läßt der beschränkte Umfang der vorliegenden Arbeit nicht zu[1]).

Zur Beurteilung der Qualität haben sich in erster Linie als brauchbar erwiesen:

1. Der Zerreißversuch (Fugenfestigkeit).
2. Die Viskosität.

Die Fugenfestigkeit wurde sehr eingehend von Rudeloff[2]) studiert, er stellte für Lederleim wenigstens, einen Zusammenhang zwischen Viskosität und Fugenfestigkeit fest.

Nach E. Sauer erreicht die Fugenfestigkeit bei einer bestimmten Konzentration einen Höchstwert, der je nach der Qualität des Leims verschieden ist, bei höheren Konzentrationen geht die Zerreißfestigkeit wieder zurück.

Die Zerreißprobe wird am besten mit Hölzern aus Rotbuche vom Querschnitt 25 × 50 mm ausgeführt, die mit diesen Flächen, also Hirnholz auf Hirnholz kreuzweise miteinander verleimt werden. Die Trocknung erfolgt unter einem Druck von 5 kg/qcm. Es empfiehlt sich, Zerreißversuche bei mehreren Konzentrationen, z. B. bei $33\frac{1}{3}$ und 40% Trockengehalt der Leimlösung anzustellen.

Zur Viskositätsbestimmung benutzt man das Englersche Viskosimeter und arbeitet bei einer Versuchstemperatur von 35° C und einer Konzentration von 15% (Areometer nach Ruf).

Die Leimlösung wird vor Ausführung der Messung in einem Wasserbad von 65° C 30 Minuten auf dieser Temperatur gehalten.

Nach den Ergebnissen derartiger Untersuchungen wurden vom Verfasser folgende Normen zur Bewertung des Leims aufgestellt:

---

[1]) Wichtige Arbeiten hierüber sind u. a: J. Fels, Chem. Ztg. **21**, 56 (1897); **25**, 23 (1901). — R. Kißling, Ztschr. f. angew. Chem. **17**, 398 (1903). — A. Müller, ebenda **15**, 482, 1237 (1902). — E. Halla, ebenda **20**, 24 (1907). — J. Herold, Chem. Ztg. **34**, 302 (1910); **35**, 93 (1911). — A. H. Gill, Journ. Ind. a. Eng. Chem. **7**, 102. — M. Rudeloff, Mitt. d. Materialprüfungsamtes **36**, 1 (1918); **37**, 33 (1919). — R. H. Bogue, Chem. and Metall. Engin. S. 5 und 6 (1920). — S. E. Sheppard und S. Sweet, Journ. Ind. a. Eng. Chem. **13**, 423 (1921). — O. Gerngroß und A. H. Brecht, Mitt. d. Materialprüfungsamtes 251 (1922). — E. Sauer, Kolloid-Ztschr. **33**, 40 (1923). — Derselbe, Kunstdünger- u. Leimindustrie **20**, 83, 90, 98, 106, 114 u. 122 (1923). — H. Bechhold und S. Neumann, Ztschr. f. angew. Chem. **37**, 534 (1924). — E. Sauer und E. Kinkel, ebenda **38**, 413 (1925).

[2]) M. Rudeloff, loc. cit.

Tabelle 7.

Wertklasse	Zerreißfestigkeit		Viskosität
	bei 33^1/$_3$%	bei 40%	bei 15% u. 35⁰ C.
Lederleim extra	über 100	über 100 kg/qcm	über 3,50
Lederleim I. Qual.	„ 90	„ 90 „	2,20—3,50
Lederleim II. „	„ 60	„ 80 „	1,50—2,20
Knochenleim extra	über 90	über 100 kg/qcm	über 2,00
Knochenleim I. Qual.	„ 80	„ 40 „	1,50—2,00
Knochenleim II. „	„ 50	„ 20 „	1,30—1,50

Nachstehend sind die Untersuchungsergebnisse für eine Reihe von Leimsorten wiedergegeben.

Tabelle 8.

I. Lederleime.

Nr.	Wasser %	Viskos.	Schmelzpunkt	Zerreißfestigkeit	
				bei 33^1/$_3$%	40%
				kg/qcm	kg/qcm
1.	12,04	1,92	26,8	75,7	94,0
2.	11,84	2,63	28,9	93,0	104,8
3.	12,28	2,36	30,8	87,7	88,9
4.	12,29	2,33	29,0	105,0	122,6
5.	11,44	3,61	32,0	117,0	99,6
6.	12,53	3,88	31,5	119,4	110,3
7.	12,08	2,84	30,8	109,3	117,9
8.	11,80	2,29	—	104,3	—

II. Knochenleime.

Nr.	Wasser %	Viskos.	Schmelzpunkt	bei 33^1/$_3$%	40%
1.	10,56	1,46	23,7	18,0	81,6
2.	9,59	1,55	25,3	44,2	85,6
3.	12,42	1,61	26,0	62,9	—
4.	10,20	1,52	24,6	21,3	89,8
5.	12,24	1,60	24,5	56,1	85,0
6.	11,93	1,52	24,0	36,1	79,4
7.	12,03	1,53	26,3	89,7	101,0
8.	11,98	1,59	26,4	71,7	90,4

Die Prüfung der Gelatine. Nach E. Kinkel[1]) sind für photographische Gelatine folgende Untersuchungen anzustellen, die jedoch nicht alle die gleiche Bedeutung besitzen:

1. Blattzahl
2. Farbe des Blatts
3. Wassergehalt
4. Quellvermögen
5. Quellung in feuchter Luft
6. Aschegehalt
7. Analyse der Asche
8. Elastizitätsmodul
9. Gallertfestigkeit nach (z. B. Greiner)
10. Viskosität
11. Oberflächenspannung
12. Abbaukoeffizient[2])

[1]) Nach einer privaten Mitteilung von Dr. E. Kinkel, Firma Köpff u. Söhne, Gelatinefabrik, Heilbronn.

[2]) Der Abbaukoeffizient läßt sich direkt aus der Veränderung des Elastizitätsmoduls bestimmen; es gilt die Gleichung $E = \dfrac{E_D - E_D{'}}{E_D}$, wo E_D den Elastizitätsmodul vor dem Abbau, $E_D{'}$ nach demselben darstellt; der Wert E multipliziert mit 100 ergibt direkt die abgebaute Glutinmenge in Prozent (Kinkel).

13. Erstarrungspunkt
14. Schmelzpunkt
15. p_h-Messung
16. Lauge- bzw. Säurebindungsvermögen
17. Chloridbestimmung (elektrometrische Titration)
18. Bestimmung der schwefligen Säure
19. Durchsichtigkeit der Lösung
20. Beständigkeit gegen Zersetzung

Trotzdem ist es nicht möglich, bei Feststellung dieser Eigenschaften die Eignung einer Gelatine für einen bestimmten photographischen Zweck mit Sicherheit zu beurteilen. Weitaus die beste Auskunft gibt die photographische Prüfung in Form des Emulsionsexperiments.

Exakt hergestellte Versuchsemulsionen, die auf Glas oder Papier aufgetragen werden, sowie die sich anschließende sensitometrische Prüfung zeitigen Ergebnisse, welche, richtig ausgewertet, mit großer Sicherheit auf den photographischen Charakter des betreffenden Gelatinesudes Schlüsse ziehen lassen.

Autorenregister.

Sachregister.

Buchdruckerei Richard Hahn (H. Otto) in Leipzig.